도시수업
탄소중립도시

도시는 왜 탄소중립을 이루어야 하는가

도시수업
탄소중립도시

CARBON NEUTRAL CITY

김정곤, 최정은 지음

Contents

들어가며

탄소중립도시

기후변화와 지구 온난화는 다른 자연적 과정과 달리, 21세기 인류가 직면한 가장 큰 두 가지 과제이다. 이미 전 세계 곳곳에서 그 영향을 느낄 수 있다. 기후 보호 문제는 세계 정치의 중심으로 점차 옮겨갔고, 유엔기후회의에서는 온실가스 배출 감소와 지구 기후 목표에 대한 국가적 기여에 대한 많은 사항들이 합의되었다. 그런데도 세계 온실가스 배출량은 지난 수십 년 동안 계속해서 증가했다. 2015년 파리에서 열린 유엔기후회의를 통해 산업화 이전 수준과 비교하여 2℃ 미만으로 지구 온난화를 제한하기로 합의한 목표는 다음 해 2016년 11월 4일, 유엔기후협약(UNFCCC) 당사국 196개국이 서명한 '파리 협정'으로 발효되었다. 협정의 핵심 목표 중 하나는 기후변화의 위험과 영향을 크게 줄이는 것이다. 2006~2015년 기간 동안 지구 평균 표면 온도는 1850~1900년 기준보다 0.87℃ 높았고 2030~2052년 사이에 1.5℃의 지구 온난화가 발생할 것으로 예상된다. 따라서 파리 협정의 목표를 달성하려면, 2050년까지 세계 전체의 온실가스 배출량을 1990년 대비 '순 배출 제로(Net-Zero)'로 만들어야 한다.

2019년 세계은행에 따르면, 지구 표면의 약 2%를 차지하고 있는 도시는 전 세계 인구의 56%를 차지하고 있다. 유엔은 2050년까지 도시 인구 비율이 68%까지 증가할 것으로 예상했다. 도시는 여전히 전 세계 경제생산(GDP)의 70%를 생산하면서, 자원과 에너지의 약 70%를 소비하며, 전 세계 온실가스의 75%를 발생시키고 있다. 이처럼, 도시는 기후변화로 인한 위험에 매우 취약하고 동시에 기후변화의 중요한 핵심 원인으로 작용하고 있다. 그래서 기후변화 문제의 해결을 위한 도시에서의 노력이 매우 중요하다고 할 수 있다.

'탄소중립도시(Carbon Neutral City)', '기후중립도시(Climate Neutral City)'는 파리기후협약 이후 정치적으로 더욱 주목받는 용어이다. 그러나 두 용어의 개념은 통일된 정의가 없어 다양한 해석이 존재한다. 탄소중립도시(Carbon Neutral City)는 영어권에서 주로 사용되고 있으며 기후중립도시(Climate Neutral City)는 유럽 등에서 더 많이 사용되고 있다. 이 두 용어는 CO_2와 온실가스 관점에서 엄격히 구분되어야 하지만 아직 유엔과 유럽연합(EU)를 비롯한 많은 국제무대에서 같은 의미로 사용되고 있다. '탄소중립(Carbon Neutrality)'와 '기후중립(Climate Neutrality)' 개념의 정의는 독일 포츠담의 지속가능성 연구소(IASS, Institute for Advanced Sustainability Studies)와 기후변화에 관한 정부 간 협의체(IPCC, Intergovernmental Panel on Climate Change)가 제시한 것이 대표적이다. IASS의 정의는 개인, 조직, 도시 또는 국가의 활동이 순 배출 제로가 되도록 하는 것이다. 이를 위해서는 탈탄소화가 필요하며, 탈탄소화 이후 여전히 배출되는 CO_2는 영구적으로 격리하거나 일부 상쇄시켜야 한다고 말한다. 반면, IPCC는 기후 영향을 미치는 모든 인위적인 활동을 고려한 포괄적인 정의를 제시하고 있다.

대도시 기후 리더십 그룹(C40 Cities Climate Leadership Group)은 '기후중립도시' 정의의 중심 구성 요소로서 순 제로 배출량 목표를 채택하고 있다. 도시에서 선택한 온실가스 배출량 산정 원칙에 따라 정의에 포함되는 도시 활동의 범위는 다를 수 있다. 탄소중립은 국제, 국가 및 도

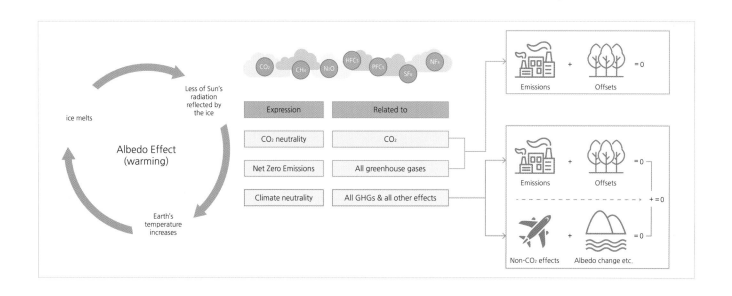

시 수준에서 정의될 수 있고 이를 위해 GPC(Global Protocol for Community-Scale Green House Gas Inventories)를 제공하고 있다. GPC는 온실가스 배출량을 측정하고 보고하는 국제 표준 프레임으로 도시 및 지방정부가 자체적으로 투명하게 온실가스 배출량을 식별, 계산 및 보고 할 수 있도록 지원한다. 이 프로토콜은 이미 기업을 대상으로 하던 것과 마찬가지로 도시 경계 내에서 발생하는 배출량과 도시 활동의 결과로 인해 발생되는 경계 외 배출량을 포함하여 도시 온실가스 배출 범위와 경계를 설정한다.

이러한 맥락에서 '탄소 중립 도시(Carbon Neutral City)'란, 탄소 회계 연도에 도시 경계 내에서 발생하는 총 연료 사용량과 공급망으로부터 제공되는 에너지 사용으로 인한 배출량, 폐기물 처리로 인한 배출량, 그리고 다른 추가 분야에서 발생하는 배출량과 잔류 배출량을 상쇄하여 순 배출을 제로(Net-Zero)로 만들고 이를 입증한 도시로 이해할 수 있다. 탄소 중립 도시는 탄소 배출의 범위와 방법에 대

한 적절한 규정을 요구한다. 범위에 관하여는 지리적, 시간적, 활동 및 수명주기 시스템 등의 경계 설정이 필요하며 방법에 관하여는 도시가 모든 탄소 배출을 제거하도록 요구하거나 도시 경계 밖의 제3자로부터 오프셋을 구입하여 상쇄 배출을 허용할지 등에 대한 내용이 포함된다. 이처럼, 국제사회에서의 탄소 중립 도시에 대한 개념과 목표 해석 범위가 매우 다양하지만 공통적인 배출 보고 규칙에 대한 지침은 일반적 국제 표준 프로토콜을 준수할

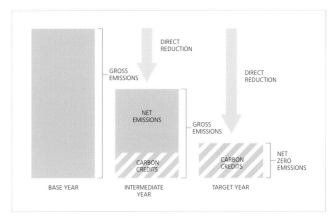

도시의 탄소중립 단계

	기업	도시
Scope 1	기업소유 또는 통제하에 배출원에서 비롯한 모든 직접 배출량	도시 경계 내에 있는 배출원에서 비롯한 온실가스 배출량
Scope 2	기업이 구매하여 소비하는 전기, 증기, 난방·냉방의 생산에 따른 에너지 관련 간접 배출량	공급망으로 제공되는 전기, 열, 증기 및 냉기의 도시 경계 내에서의 사용에 따른 온실가스 배출량
Scope 3	기업 활동의 결과로 발생하는 다른 모든 간접 배출량	도시 경계 내에서 일어나는 활동의 결과로 도시 경계 바깥에서 발생하는 다른 모든 온실가스 배출량

기업 및 도시 인벤토리의 범위(Scope)

것을 권장한다.

　전 세계적으로 점점 더 많은 국가들과 도시들이 기후 중립을 위한 계획을 시작하거나 선언하는 추세이다. 탄소중립 정책분야의 가장 선도적인 독일과 스웨덴은 2045년, 스위스와 덴마크는 2050년에 'Net-Zero(순 배출 제로)'

를 달성할 것을 선언했다. 도시 차원에서의 노력도 매우 활발히 진행되고 있으며 글로벌 기후 에너지 시장 협약(GCoM, Global Covenant of Mayors for Climate & Energy), 탄소중립 도시 연합(CNCA, Carbon Neutral Cities Alliance), C40 도시 기후 리더십 그룹(C40 Cities Climate Leadership Group) 등의 국제 이니셔티브에 가입하는 도시들은 더욱 적극적인 행동과 태도를 보이고 있다. 덴마크의 수도 코펜하겐 Copenhagen은 전 세계에서 가장 먼저 'Carbon Neutral City' 달성을 목표로 설정하였고 초기 목표인 2025년보다 조금 늦은 2027년 무렵이면 그 목표를 실현할 것으로 예상된다. 도시는 사회적 요구에 대응하여 구체적인 정책 조치를 취할 수 있는 적절한 규모를 갖추고 있어 지역 기후 대응 계획에 활발하게 참여할 수 있다. 점점 더 많은 인구가 도시로 집중되면서, 도시들은 파리 기후 협약의 목표 달성에 결정적인 역할을 하게 되었다.

그렇다면,

도시가 스스로
"Carbon·Climate Neutrality"이라고
부를 수 있으려면
어떤 기준을 충족해야 하는가?
도시는 "Carbon·Climate Neutrality"이라는
목표를 달성하기 위해
어떤 수단을 사용할 수 있는가?

유럽연합(EU) 인구 75%가 도시에 거주하고 있고 이산화탄소(CO_2)의 많은 비중이 도시에서 배출된다. 유럽 국가들은 기후변화 대응에 앞장서겠다고 약속했고 이러한 맥락 속에서 유럽연합은 '넷제로시티즈(NetZeroCities)'라는 프로젝트를 통해 선택된 100개의 도시가 2030년가지 기후 중립을 달성하도록 지원하고 2050년까지 모든 유럽 도시가 이를 따를 수 있는 기초를 마련하고 있다. 이 프로젝트의 목표는 시범 도시의 구조적 변화를 촉진하여 후속 도시들이 마주하는 장벽을 함께 제거하는 것이다. 100개의 도시는 각각 구조와 요구사항이 다르므로 개별적 개념을 개발해야 한다. 이를 위해 도시 네트워크, 연구기관 및 도시 활동가를 포함한 33개의 주체가 파트너쉽을 구성하여 참여 도시들을 위한 디지털 플랫폼을 함께 구축하고 있다. 아울러 참여 도시 및 이해관계자 간에는 일종의 공공 계약인 'Climate City Contracts'가 적성 되는데 여기에는 투자와 프로젝트 구현 등을 위한 조치가 동반된 실행계획이 포함되며 2030년까지 시행될 투자계획 및 프로젝트 목록이 마련된다. 이러한 계약은 각각의 도시마다 개별적으로 체결된다. 이 프로젝트에서 가장 중요한 것은 상호 학습 즉, 서로에게서 배우는 것이다. 모든 도시들이 기후 중립으로 나아가는 여정에서 직면하는 상황과 조치가 서로 다르기 때문에 함께 모여서 배우고 경험을 공유하며 유사한 조치를 취할 수 있다. 또한, 기후 중립 도시를 만들어가기 위해 도시에서 할 수 있는 일이 무엇이고 필요한 자원과 자금 요구사항이 등에는 어떤 것이 있는지 파악할

수 있으며 불필요한 프로젝트를 경험하지 않고도 체계적으로 대응이 가능하게 된다.

유럽의 많은 도시들은 탄소 중립 실현을 위해 다양한 방법과 전략이 사용되고 있다. 특히, 이 책에서는 세계 최초의 탄소 중립 실현을 목표로 한 덴마크 코펜하겐에서부터 이미 탄소 중립을 실현하고 있는 독일의 빌트폴츠리드Wildpoldsried, 스위스의 취리히Zürich와 그린시티(Greencity) 지구, 스웨덴의 말뫼 힐레Malmö-Hyllie 프로젝트 등 탄소 중립 분야를 선도하는 4개 국가의 도시 및 프로젝트를 살펴보며 각 사례들은 어떤 방법과 전략으로 탄소 중립을 달성했는지, 우리의 도시가 이를 통해서 무엇을 배울 수 있는지 그리고 서로 다른 도시환경에서 탄소 중립 프로젝트를 강화하기 위해 어떤 노력을 하고 참여할 수 있는지를 보여준다. 이해를 돕고자 간략하게 내용을 종합해보면 사례들은 공통적으로 다음과 같은 영역에 중점을 두고 있음을 알 수 있다.

전력 생산 : 기후 친화적 에너지 생산은 탄소 감축의 가장 큰 잠재력을 제공한다. 전 세계적으로 재생 가능한 에너지원을 이용하여 필요한 에너지를 생산하려면 지구 표면의 약 1~1.5%의 면적이 필요하다. 그러나 운송이나 수소 생산과 같은 추가 요소를 고려할 경우 더 많은 면적과 복잡한 에너지 운송 시스템이 필요하며 높은 비용이 발생한다. 따라서 많은 도시들은 자체적인 솔루션을 모색하고 있으며, 가장 선호하는 재생가능한 에너지원은 태양 에너지이다. 그 다음으로는 지열, 풍력, 바이오매스 등이 있으며, 회수되는 폐열 등은 대체 소스로 사용된다. 탄소 중립 도시를 실현하기 위해서는 '재생가능한 에너지로의 전환'을 기회이자 미래에 대한 투자로 인식하는 것이 중요하다. 코펜하겐, 빌트폴츠리드, 취리히 등을 비롯한 여러 도시들은 프로젝트의 초기부터 재생가능한 에너지에 의존하여 현재 대부분의 에너지 요구량을 풍력 터빈과 태양 전지판에서 충당할 수 있게 되었다. 앞으로도 바람과 태양, 바이오매스, 지열 및 폐기물 재활용 등 다양하게 혼합된 재생가능한 에너지원이 계속해서 사용될 것이다.

열 공급 : 탄소중립도시에서 전력의 생산방식과 더불어 중요하게 다루어지는 것이 열 공급이다. 덴마크 코펜하겐은 전체 가구의 90%가 지역난방 네트워크에 연결되어 있다. 산업 및 폐기물 소각에서 발생하는 열에너지는 이 네트워크를 통해 각 가정에 난방 및 온수로 전달된다. 세계에서 가장 현대적인 폐기물 에너지화 플랜트인 코펜힐CopenHill은 10만 가구에 열과 전기를 공급하고 있다. 코펜하겐은 2005년부터 2017년 사이에 인구가 약 20%가 증

가했음에도 불구하고 CO_2 배출량은 거의 10%가 감소했다. 독일 하이델베르크 반슈타트$^{Heidelberg Bahnstadt}$는 6,500명의 인구가 거주하고 있는 세계 최대 패시브 에너지 공동주택으로 100% 재생가능한 에너지를 이용한 난방이 공급된다. 이곳에서는 연간 ㎡당 최대 15㎾h의 난방에너지 수요량을 설정하여 이를 준수하고, 이는 독일 기존 건물들의 평균 열 수요량의 10%에 해당하는 매우 낮은 에너지 요구량이다. 전체 지구를 기존 도시의 지역난방 시스템에 연결하고 지역난방 시스템은 재생가능한 자원인 목재칩을 사용하여 열병합발전(CHP)을 가동되고 있다.

에너지 효율화 : '에너지를 절약하는 것'은 탄소 중립 실현에 매우 효과적이고 또 중요하다. 에너지 효율을 높이기 위해 도시 기존 건물은 지속적으로 개조되고 새로 만들어지는 건물에는 지능형 시스템이 장착된다. 독일 하이델베르크 반슈타트와 마찬가지로 프라이부르크^{Freiburg}에 새로 지어진 신청사(Neues Rathaus)는 엄격한 패시브 하우스 기준에 따라 난방, 냉방, 환기 및 온수 생성 등을 위한 에너지 요구량을 ㎡ 당 45㎾h로 제한한다. 이는 현대적 업무용 건물의 40% 수준에 달하는 매우 높은 효율을 나타내는 기준이다. 독일의 패시브 하우스 기준처럼 건물의 에너지 성능을 높이고 효율을 극대화하기 위해 스위스에

서는 취리히 그린시티의 주거용 건물에 Minergie P-Eco 기준을 적용했고 업무용 건물은 LEED Core&Shell in Platinum 인증을 받게했다. 스웨덴은 신규 건축물을 대상으로 'NollCO$_2$(순 배출 제로)' 인증제도를 도입하여 건물 라이프사이클(설계-시공-운영) 전반에 걸친 탄소중립 실현을 위해 노력하고 있다.

이동성 : 탄소중립도시의 이동성 부문의 핵심은 '친환경 수단 확대'와 '전기화(Electrification)'이다. 코펜하겐은 2018년 자전거 도로 확장 프로젝트에 주민 한 사람당 약 36유로를 투자했다. 광폭 자전거 도로 및 급행 자전거 도로 등의 인프라로 주민의 절반가량이 출퇴근 수단으로 자전거를 이용하고 있고 실제로 시민의 약 70%가 자전거나 대중교통, 도보로 이동하고 있다. 전기 자동차는 주차료가 무료인 반면 휘발유 및 디젤 자동차에는 높은 주차요금을 부과하여 자전거 도로, 보도 및 녹지 공간 등의 기후 친화적인 인프라에 지속적으로 투자하고 있다. 세계경제포럼(World Economic Forum)에 따르면 보다 지속가능한 방식으로의 교통수단 전환을 통해 2050년까지 도시 교통에서 발생하는 배출량을 최대 95%까지 줄일 수 있다. 이를 위해서 도시는 대중교통 인프라에 투자하고 개인 자동차보다 사용하기 편리한 시스템을 갖추어야 한다. 버스, 트램 및

지하철 등의 네트워크 확장과 개선, 자전거 도로 및 자전거 공유 제도 도입, 보행자 친화형 거리 조성 등의 조치가 포함될 수 있다. 운송 부문의 전기화를 통해서도 배출을 감축할 수 있다. 국제에너지기구(International Energy Agency)는 2017년에 약 300만대였던 전기 자동차의 수가 2030년에는 1억 3천만대에 달할 것으로 예측했다. 이러한 전환을 위해서는 전기 이동수단 관련 인프라 투자와 더불어 다양한 교통 수단을 통합적으로 운영, 관리, 이용할 수 있는 프로그램의 운영이 필요하다. 핀란드Finland 헬싱키Helsinki에서 운영되고 있는 서비스형 모빌리티(MaaS, Mobility as a Service) 플랫폼이 그 대표적 예로 스마트폰 앱에 모든 공공 및 민간 교통 수단이 연결된 시스템이다. 이것은 전기차 및 자전거 공유, 대중교통, 주차 등을 통합된 시스템으로 개인 자동차 소유에 대한 번거로움을 줄이고 환경적으로 건전한 대안을 제공한다. 이동 경로의 계획, 주차, 자동차 유지 관리에 대한 스트레스를 줄이고 더욱 쉽고 효율적으로 이동할 수 있도록 도와준다. 스마트 기술을 통한 환경친화적 교통수단의 편리성 증진은 기후중립적 교통 수단의 확대와 보급을 가속화시킬 수 있다.

시민참여 : 유럽연합은 재생 에너지 커뮤니티를 위한 법적 프레임워크를 개발했다. 이는 네트워크 사업자 뿐만 아니라 사회 전반의 거대한 시스템 변화에 관한 것이기도 하다. 풍력에너지 사업에 직접 투자하고 이웃에게 전기를 판매하거나 공급할 수 있으며, 에너지 커뮤니티에서 더 저렴한 전기를 얻을 수 있어야 한다. 탄소중립도시는 사람들을 참여시킴으로써 그들이 주제와 목표를 더 밀접하게 다루고 깨달으며 스스로 탄소 중립 사회로의 전환을 만들어가게 하는 것이 중요하다. 독일은 20만 명 이상의 시민이 877개의 에너지 협동조합에 가입하여 에너지 전환에 능동적으로 참여하고 있다. 이러한 협동조합은 전기와 열을 생산하는 발전소를 운영하고 태양광 및 열병합 발전소에서 풍력터빈에 이르기까지 다루는 재생에너지의 종류도 다양하다. 또한, 에너지 공급회사로써 고객에게 전기와 가스를 공급하거나 지역 전력망을 운영하기도 하고, 지역 주민이 직접 참여하여 적합한 에너지 사업을 추진하기도 한다. 도시의 에너지 전환은 시민의 의사결정과 의지, 참여에 의해 성패가 좌우된다고 해도 과언이 아닐 것이다.

에너지 플랫폼 : 최근에 개발되는 도시는 에너지 생산, 열 공급, 에너지 효율화와 이동성을 통합 관리하는 에너지 플랫폼을 함께 구축하고 있다. 건물 또는 단지 내에는 열병합발전(CHP) 시설을 통해 해당 지역의 열과 전기를

생산하고 공급, 관리하는 에너지 발전소가 만들어지고 열과 전기 생성의 결합을 통해 CO_2 배출량을 줄일 수 있다. 취리히의 그린시티 단지 내에 위치한 에너지 센터의 핵심은 주변 지하수와 지열, 천연 암모니아를 사용하는 히트펌프이다. 바이오가스는 겨울철 최대 부하에도 사용할 수 있고 전기는 건물 지붕에 설치된 태양광 시스템으로 충당한다. 이를 통해 연간 1,800톤의 CO_2 배출을 저감할 수 있으며 이는 약 37대의 석유탱크 트럭으로 배출되는 양과 맞먹는다. 독일 에슬링엔^{Esslingen} 노이에 베스트슈타트^{Neue Weststadt} 에너지 센터는 도시계획적 요구에 따라 지하구조로 건설되었고 재생가능 발전소의 잉여 전기를 수소로 변환하여 에너지를 저장할 수 있는 전해조를 통해 녹색수소를 생산할 수 있다. 전기분해 과정에서 발생된 폐열도 지역 난방 네트워크에 공급하고 건물의 난방 및 온수 요구를 충족함과 동시에 흡착식 냉각 시스템을 통합시켜 여름철 냉각 에너지를 제공한다.

탄소 중립 도시에 대한 통일된 개념과 정의는 아직 명확하지 않지만, 많은 도시들이 이미 기존 도시 및 신규 프로젝트 등을 통해 다양한 방법, 전략 및 솔루션을 적용하며 가능성을 보여주고 실제적인 성과를 나타내고 있다. 탄소 중립 도시에 대한 폭 넓고 깊이 있는 이해를 위해 저자들은 지금까지 축적해 온 관련분야의 연구결과와 지식을 바탕으로 선별한 11개 프로젝트를 사례를 직접 방문했고 현장 답사 및 조사, 촬영, 담당자 인터뷰, 문헌 분석 등을 통해 이 책 〈도시수업 : 탄소중립도시〉를 집필했다. 이 책이 우리의 도시가 기후변화에 맞서 체계적으로 변화와 전환을 준비하고 탄소 중립 도시를 향해 나아가는 여정에 조금이나마 기여하기를 희망한다. 사례 도시들은 너무 급진적이거나 빠른 경로를 선택하지 않고 지속가능하고 기후중립적인 미래를 향한 지속적인 변화를 만들어나가고 있다. 그리고 공통적으로 탄소 중립적 도시계획에서 전기, 열, 이동성은 3대 필수 주제이며, 앞으로 도시 개발 계획은 더 이상 부문별로 작동하지 않고 전체적인 영역 안에서 유기적으로 연결되어 작동되어야 한다는 것을 보여주고 있다. 물론, 이들의 도시가 모든 도시를 위한 해답은 아니다. 어떤 도시도 다른 도시와 같은 조건에서 비교할 수 없고 지리적 여건을 비롯한 에너지, 이동성, 인프라 등 모든 도시는 조건이 다르고 고유한 요구사항과 맞이한 기회가 다르기 때문이다. 탄소 중립 도시가 실현을 위해서는 모두가 저렴하고 안전하며 지속가능한 에너지에 쉽게 접근할 수 있도록 이에 맞는 생활 공간이 제공되어야 하고 도시 공간 전체가 탄소 중립적 접근 방식으로 신진대사가 변환되어야 한다.

참고문헌

- Bundesinstitut für Bau-, Stadt- und Raumforschung, 2012, Die CO2-freie Stadt- Wunsch und Wirklichkeit, Informationen zur Raumentwicklung, Heft 5/6. 2012
- Bundesinstitut für Bau-, Stadt- und Raumforschung, 2017, CO2-neutral in Stadt und Quartier- die wuropäische und internationale Perspektive
- C40Cities, 2019, Defining Carbon Neutrality for Cities & Managing Residual Emissions
- European Commission, 2020, 100 Climate-Neutral and Smart Cities by 2030 – by and for the Citizens
- European Commission, 2021, 100 Climate-Neutral and Smart Cities by 2030 – Implementation Plan
- Difu (Deustche Institute für Urbanistik, 2023, Praixsleitfaden Klimaschurtz in Kommunen
- World Resources Institute, C40Cities, ICLEI, 2021, Global Protocol for Community-Scale Greenhouse Gas Inventories
- 국토연구원, 2022, 지역사회 규모의 온실가스 인벤토리를 위한 세계 규약: 도시를 위한 산정 및 보고 표준, 세계국토총서 22-201

GERMANY

📍
Wildpoldsried

#바이오가스 #바이오매스 #태양광 #풍력 #에너지전환 #자원순환

#E-Car Sharing #공유차량플랫폼 #목재 #블록체인 #에너지캠퍼스

#가상발전소 #섹터커플링 #R&D(pebbles, IREN) #기업참여 #NbS

#에너지및기후보호조정사무소 #주민참여 #에너지거래

PART 01

Wildpoldsried, Bayern, Germany

필요한 전기의 8배를 생산하는 에너지빌리지, 빌트폴츠리드

- 위치 : 독일, 바이에른Bayern 주
- 면적 : 2,134ha(농업 1,413, 숲 555)
- 사업기간 : 1999년~2013년(목표달성), 추가사업 진행 중

빌트폴츠리드 전경

빌트폴츠리드^{Wildpoldsried}는 독일의 대표적인 기후중립 마을로서, '주민'과 '의사결정권자'의 협력과 연구개발(R&D)의 결합으로 형성되었다. 이 마을은 독일 남부 바이에른주 오버알게우^{Oberallgäu}지역에 위치하며 해발 700m 이상의 고원지대에 약 2,600여 명의 주민이 거주하고 있다. 주로 축산농가가 형성되어 있으며, 넓은 농경지와 임야로 둘러싸여 풍부한 일조와 바람을 확보할 수 있는 이곳은 태양광, 풍력, 바이오매스 등 재생에너지 생산과 혼합을 위한 최적의 환경을 갖추고 있다.

현재, 빌트폴츠리드는 에너지 자립을 초과하여 마을에서 필요로 하는 전기의 8배를 재생에너지로 생산하고 있다. 생산된 에너지 중 잉여분은 기존 전력 그리드에 판매하여 추가 수익을 창출하고 있으며, 지역에서 필요로 하는 열의 60%를 재생에너지원으로 충족하고 있다. 펠렛 난방과 바이오가스 열병합 발전소를 갖춘 지역난방 네트워크는 80개의 건물, 10개의 회사 및 170개의 아파트에 열과 전기를 공급하고 있다. 빌트폴츠리드는 지역 단위에서 자발적으로 에너지 전환을 추진하고, 관련된 새로운 아이디어와 접근 방식을 채택하여 기후 보호, 에너지 및 탄소 저감 등의 많은 성과를 이뤄냈다. 이러한 노력으로 지역사회, 바이에른주, 국가 및 국제적으로 많은 상을 수상 하였으며, 2017년 말까지 700개 이상의 방문자 그룹이 이

마을입구 표지판(바이에른주 바람기지 및 유럽에너지상 수상)

2001	· Bayern 주립재단, 환경상 수상 · 환경 역량 센터, 선도 프로젝트로 선정
2008	· Cipra 콩쿠르, 'CC-alps' 1위
2009	· 독일 환경지원(Deutsche Umwelthilfe), 기후 보호 커뮤니티 선정 · 독일 태양광 상 수상 · 바이에른 아젠다 공모 1위 수상
2010	· 유럽 에너지 어워드 수상
2011	· Bayern 지속 가능한 시민 공동체 상 수상 · Bayern 환경부, 환경 서비스 메달 수상
2012	· 교토의 숲(Un Bosco Per Kyoto), Accademia Kronos Rome 수상 · Bayern 바람기지 지정
2014	· 유럽 에너지 어워드 금상 수상
2015	· Bayern 경제부, 에너지 전환 설계자 선정

빌트폴츠리드 주요 수상 내역

곳을 방문했다.

1998년부터 지역의 미래를 위해 함께 모여 꾸준한 논의를 지속했던 주민들과 지방자치단체는 '마을은 각자의 길을 간다'라는 모토를 중심으로 세 가지 큰 흐름 – 재생에너지 생산 및 에너지 절약, 생태 건축 자재(주로 목재 기반)를 사용한 건물의 생태적 건설, 지상 및 지하 수자원 보호와 폐수의 생태학적 처리 – 에 중점을 둔 사명 선언문 (WIR–2020, Wildpoldsried Innovativ Richtungsweisend)을 만들었다. 당시 시장이었던 아르노 젱거르^{Arno Zengerle}는 만장일치로 시 의회의 동의를 받아 2000년 1월, 2020년까지 재생에너지를 통해 빌트폴츠리드의 에너지 자립을 달성하기로 선언했다. 자연에서 얻을 수 있는 바람·태양·물·바이오가스 등을 충분히 활용하여 재생에너지 생산을 늘리고 지속적인 기술투자를 통해 탄소 배출을 줄여 다음 세대에게 양질의 환경을 만들어 주기 위해 노력한다는 계획이었다.

풍력터빈

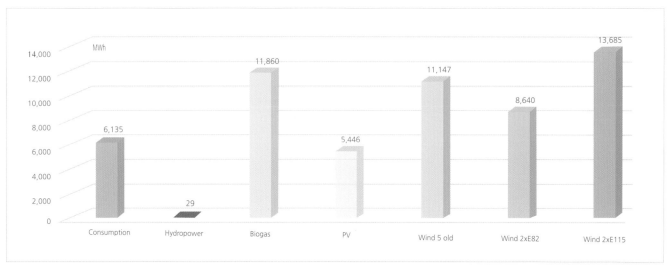

빌트폴츠리드에서 생산하는 재생에너지별 전력량

시장을 중심으로 주민이 함께 주도했고 이와 더불어 전문가 집단이 각 전문 영역을 담당했으며 의회는 소속 당과 무관하게 협력했다. 2000년, 때마침 독일에서는 탈원전에 대한 사회정치적 합의가 이루어졌고 재생에너지 보급 확대를 위해 재생에너지법(EEG)이 제정됨과 동시에 발전차액지원제도(FIT)가 시행되어 이 지역의 사업은 더 큰 힘을 얻게 되었다.

특히, 빌트폴츠리드는 풍력터빈 설치에 관한 재정적 투자에 시민이 참여할 수 있도록 하였고, 1차로 설치한 풍력발전의 효과를 시민들이 직접적으로 체감한 결과 2차 풍력터빈 설치 투자에는 너무 많은 참여자가 몰려 일부 참여자가 투자에 참여하지 못하는 사태가 발생하기도 했다. 현재는 모든 이해당사자가 참여할 수 있도록 예치금의 범위를 5,000유로로 제한하고 있다.

빌트폴츠리드는 수력, 바이오가스, 태양광(PV), 풍력을 통해 이 지역 전기사용량의 828%를 생산하고 있다(2020년 기준). 사업 초기 설정했던 '2020년, 에너지 자립' 목표는 이미 2013년도에 달성했고, 2017년에는 필요 전기의 700% 이상을 재생 가능한 에너지원으로 생산했으며, 2018년의 목표는 800% 이상이 되었다.

마을 고지대 능선의 풍력터빈

바이오가스시설

빌트폴츠리드에는 총 11개의 풍력터빈이 설치되어 있다. 모든 터빈은 인접 지역과의 경계 능선 고지대에 위치하며 2개는 오스트알게우^{Ostallgäu} 쪽에, 9개는 빌트폴츠리드 쪽에 위치한다. 풍력터빈은 높이에 따라 바람의 양이 기하급수적으로 증가하기 때문에 육지 지역에서는 설치 높이가 매우 중요하다. 첫 풍력터빈의 설치를 위해 창시자 벤델린 아인지들러^{Wendelin Einsiedler}는 1996년부터 2년 동안 지역의 바람을 측정했고(10, 30, 40m 높이) 그 결과 빌트폴츠리드에서의 최적 입지와 높이를 찾을 수 있었다. 각 터빈은 종류(Enercon E 58, Südwind SW 77, Enercon E 82, Enercon 115 등)와 발전용량이 다양하고 2000년을 시작으로 2015년까지 단계별로 투자 및 설치가 진행되었다. 1992년, 첫 풍력 터빈 설치를 위한 시민 에너지회사(GmbH, 유한책임회사)가 설립되었고 30명의 시민 유한파트너 중 14명은 지역의 농부로 구성되었다.

마을전경, 축산농가와 바이오매스시설

마을 지붕의 태양광 시설

마을 골목에서 보이는 지붕 태양광 시설과 풍력 터빈

소방서에 설치된 태양광패널

마을 호수 옆 재활용센터와 상점(카페)에 설치된 태양광 시설

현재 작동하고 있는 지역 내 9개의 풍력 터빈에서는 20,000GWh 이상의 전기를 생산하고 있고 총 400여 명의

시민이 운영에 참여하여 수익을 창출하고 있다. 이러한 놀라운 효과 덕분에 이곳은 2012년 '바이에른의 바람기지 (Windstützpunkt)'로 지정되었다.

일찍부터 이곳 주민들은 다양한 '빌트폴츠리드 태양광 캠페인(Wildpoldsrieder Solaraktionen)' 등을 통해 태양 에너지의 무한한 가능성과 중요성을 이해하고 있었다. 2002년부터는 본격적으로 태양광 시스템이 마을 건물의 지붕에 설치되기 시작했고 개인 주택뿐만 아니라 지자체 건물 및 부지(건물 마당, 소방서, 학교, 체육관, 시청, 창고, 재활용센터, 주차장, 목욕탕, 어린이집 등)와 주요 인프라(상수 공급 및 하수 처리장)에도 적극적으로 적용되어있다. 또한, 사용되고 남

마을전경

빌트폴츠리드에 위치한 에너지기업 존넨 본사

는 일부 전력은 배터리에 저장되어 공공 전력망에 공급되기도 하는데 최근 전기 가격 상승으로 수익성은 점점 높아지고 있다. 이곳에서 태양광 배터리(Sonnenbatterie) 회사로 처음 문을 열었던 기업 '존넨Sonnen GmbH'은 현재 세계 최고의 지능형 전기 저장 시스템 제조업체 중 하나로 성장하였고 셸Shell의 완전 소유 자회사이자 재생 에너지 및 에너지 솔루션 사업의 일부가 되었다.

빌트폴츠리드에 위치한 바이오가스 발전소는 20년 이상 운영되고 있다. 건설 초기, 바이오가스 발전소에서 발생하는 잉여 열은 인접한 주거용 건물의 온수난방에만 사용되고 전기는 자체 소비하거나 전력망에 공급했으나 현재는 시스템이 확장되어 추가적으로 연결된 건물에도 열을 공급하고 있다. 바이오가스는 유기성 폐기물이나 식물성 잔여물과 같은 재생 가능한 자원을 사용하여 생산된다. 이곳의 바이오가스 시스템은 지역적 특성상 주로 인근 축산농가의 가축의 분뇨와 식물성 잔재물을 사용하여 바이오매스를 생성한다. 이 바이오매스가 발효되는 과정에서 메탄가스가 발생되고 이 가스는 발전기를 통해 전기와 열로 전환된다. 이곳에 설치된 시스템의 총 설치용량은 2,500kW이고 여름 평균 800kWh, 겨울 평균 1,600kWh의 발전량을 보이고 있다. 연간 바이오가스를 통해 10,000,000kWh의 전기와 9,500,000kWh의 열이 생산되고 있으며 열 이용률은 90%를 넘어선다.

또한, 빌트폴츠리드는 독일에서 목재 건축의 모범 사례로 알려진 지역 중 하나이다. 이곳은 지속 가능한 개발과 에너지 전환을 촉진하기 위해 목재를 널리 사용하고 있고 개인 주택에서부터 공공시설에 이르기까지 다양한 형태의 건물을 구현하고 있다. 목재는 지역에서 쉽게

목재건축 마을상점

마을상점 건설 모습

지역 목재 생산시설

지역 목재 생산시설 지붕에서 설치된 태양광시설

입수할 수 있고 건축 과정에서 탄소 배출량이 상대적으로
적으며 거주자에게 자연적인 따듯함과 편안함을 제공할
뿐만 아니라 건물의 에너지 효율을 향상시키는데 도움을
준다. 1996년 초등학교를 시작으로 건축자재 창고, 산책
로, 체육관, 주차장, 어린이집, 유치원, 상점, 마을공동체
센터 등 많은 목조 건축 프로젝트가 추진되었다.

스포츠홀

2011년부터 다양한 컨소시엄 파트너가 빌트폴츠리드에서 다양한 연구 프로젝트를 시민들과 함께 수행했다. 대표적인 세 가지 프로젝트 중 첫 번째 프로젝트는 독일 연방 경제부에서 지원하여 2011년부터 2013년까지 독일 기술기업 지멘스^{Siemens AG}와 알게우 지역 전력공급기업(AÜW)이 아헨 공과대학^{RWTH Aachen University} 및 켐튼 응용과학대학^{Hochschule Kempten}과 함께 스마트 그리드를 실제적으로 테스트하기 위해 진행한 공동 프로젝트였다. 이것은 '재생에너지와 E-모빌리티의 통합'을 위한 파일럿 프로젝트(IRENE)로, 배전망 운영자가 변동성을 가진 분산형 재생에너지원으로 전력을 공급할 때 직면하는 기술적·경제적 해결책을 도출하는 것이 목표였다. 이 프로젝트의 한 축은 지멘스가 새로 개발해 구현하는 '자기조직화(self-organizing) 에너지 시스템'이었다. 총 2년 동안 최대 40대의 전기 자동차를 대상으로 프로젝트가 진행되었고 향후 이 시스템은 알게우 전력망에 통합된 다양한 재생에너지원(태양광, 풍력, 수력, 바이오가스 등)의 전력 생산뿐만 아니라 재생 가능한 에너지의 소비 행동과 저장을 시간적으로 최적화하게 될 것이다.

두 번째 연구 프로젝트는 '재생에너지 시스템 통합을 위한 지속 가능한 그리드(IREN2)' 프로젝트로 2014년부터 2018년까지 이전 프로젝트의 연구파트너들과 정보 통신

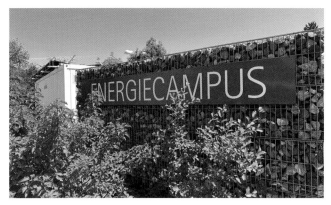

에너지캠퍼스 입구

에너지캠퍼스와 풍력터빈

에너지캠퍼스 전경

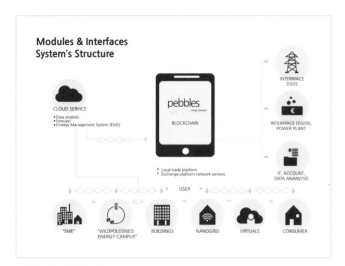

pebbles blockchain diagram

첫번째 프로젝트 IRENE

에너지캠퍼스의 pebbles와 IREN2 안내판

기술 회사(ID.KOM Networks)가 함께 수행하였다. 이전 프로젝트(IRENE)에서 도출된 연구결과를 기반으로 효율적

이고 안정적인 단독 재생에너지 생산 및 공급을 위한 마이크로 그리드를 구축하고 통합하여 운영할 수 있는 솔루션의 도출이 두 번째 프로젝트의 목표였다. 두 대학은 IREN2의 문제 해결과 마이크로그리드의 구축 및 운영, 최적화 등을 위한 과학적인 연구를 담당했고, 지멘스는 독일과 국제시장을 위한 제품 솔루션을 준비했다.

2018년부터 2021년까지 세 번째 연구 프로젝트가 진행되었다. 이 프로젝트는 '블록체인 기반 P2P 에너지 거래(pebbles, peer-to-peer energy trading based on blockchains)' 개념을 개발하는 것으로 독일 연방 경제에너지부(Smart Service World II Framework Program)가 지원하였다. 이는 중앙화 된

지멘스 태양광 시스템

IRENE 자동차

전기자동차 충전시설

거래를 탈피한 미래형 전력 거래 모델을 개발하는 것으로 블록체인 기술을 기반으로 안전한 지역 전력 거래 플랫폼을 구축하는 것이 목표이다. 이전 프로젝트에 참여했던 켐

튼 응용과학대학과 지멘스, AÜW와 프라운호퍼Fraunhofer 응용정보기술 연구소, 알게우지역 에너지 회사 알게우네츠AllgäuNetz GmbH가 함께 프로젝트를 수행했다.

탈탄소화, 탈중앙화(분산), 디지털화에 초점을 맞춘 혁신적이고 지역적인 디지털 에너지 공급방식의 시연을 목표로 한 이 프로젝트는 기술 공급업체, 플랫폼 운영자, 참여자 및 배전망 운영자 간의 협력 모델을 형성한다. 참여자들이 서로 전력을 거래하고 필요에 따라 상호작용하는 지역 커뮤니티를 형성하는 것이다. 페블스(pebbles)는 프로젝트를 통해 개발된 기술 플랫폼으로 그리드의 효율성, 발전, 소비, 유연성 및 인증과 같은 에너지 공급의 모든 영역을 연결하는 것으로, 이 혁신적인 비즈니스 모델은 P2P 거래와 그리드 서비스 교환을 가능하게 하며 블록체인 기술을 활용하여 다양한 프로세스를 자동화하고 데이터 보완을 보장한다. 이 프로젝트에서는 빌트폴츠리드 지역을 대상으로 플랫폼 테스트를 진행했고 태양광 패널이 있는 가정이 지역 내 상점과 사업체에 전력을 판매할 수 있도록 지원함으로 지역에서 생산된 에너지를 지역 내에서 유지하도록 했다. 또한, 블록체인 기술을 활용한 앱을 통해 참가자를 연결하면 생산자가 전력 잉여분(초과 생산분)을 판매하여 수익을 얻을 수 있도록 했다.

목표	주요내용
탈 탄소화	· 에너지 소비감소 · 재생에너지 개발 확대를 위한 기반 조건 조성 · 전기화 경향에 대한 솔루션 개발(특히 운송)
탈 중앙화	· 시스템 비용 최소화 · 열, 모빌리티, 전기, 저장 등 부문 간 연계 촉진 · 프로슈머와 같은 능동적 참여자의 역량 강화 · 셀룰러 접근 방식 및 에너지 커뮤니티 개발
디지털화	· 그리드 확장과 스마트 배전 솔루션 간의 경제적으로 효율적인 균형점 결정 · 자동화된 분산형 솔루션 활성화 · 블록체인 전략의 활용

페블스(pebbles) 프로젝트의 목표

이 프로젝트를 통해 개인 소비자, 생산자 및 프로슈머가 처음으로 에너지 거래에 직접 참여할 수 있었고 지역에서 발생하는 거래가 지역의 부가가치를 높이고 개인의 경제적 이익을 창출하도록 했다. 이러한 결과를 바탕으로 재생에너지 보급 확대를 위한 분산적 시스템 도입과 지역 인구 참여에 대한 당위성과 가능성을 제시할 수 있었고, 사용자 유연성의 효율적 활용이 에너지 전환 비용의 막대한 절감을 가져올 수 있음을 확인했다.

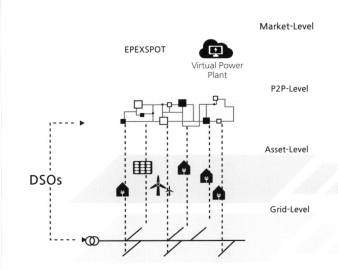

Development of local trading platform

Market-Level

EPEXSPOT

Virtual Power Plant

P2P-Level

Asset-Level

DSOs

Grid-Level

Virtual power plant as
• Interface to key markets
• Coordination of central & decentralised merchandising options

Digital platform for **local energy trading & exchange** of digital services

Blockchain-capable connection to buildgns & private houses with or with out energy management system

Adjustment of operational grid management
• due to local energy trading (passive)
• for utilisation of the platform for grid services & business purposes (active)

지역 거래 플랫폼

전 세계의 전력시장은 급격한 변화를 겪고 있다. 전기의 생산과 소비, 저장과 공유 방식이 근본적으로 변화하고 있으며 또한 변화해야만 한다. 전기 공급자가 수요자에게 직접적으로 전기를 전송하는 과거, 혹은 지금의 1차원적인 에너지 공급방식은 지능형 다차원 모델로 대체되고 있고 대체 되어야 함을 이 사례는 말하고 있다. 수동적이었던 소비자가 능동적인 소비자 혹은 상황에 따라 생산자가 되는 프로슈머가 되고 분산화된 전력 그리드 내에서 효율적이고 경제적으로 지역의 전력을 이용하고 관리할 수 있어야 한다. 앞으로 E-모빌리티, 히트펌프, 전자기기 등의 발전과 보급 확대를 거듭할 것이고 전 세계의 전기화는 더 빠르고 더 가파르게 진행될 것이다. 전기 소비자와 수요량이 이에 따라 급증하는 상황에서 에너지 수요와 공급이 효율적으로 관리되지 않으면 도시 및 지역 내에서 일시적인 전력 병목 및 쇼크가 빈번히 발생하게 될 것이다. 1차원적인 방법으로 이를 해결하기 위해서는 배전망 설비를 집중적으로 개선 및 확장해야 하고 이는 막대한 비용을 초래하게 된다. 이러한 측면에서 빌트폴츠리드의 사례는 탄소중립사회가 앞으로의 지향해야 할 새로운 대안을 제시했다고 볼 수 있다. 탄소중립의 실현을 위해서는 외부 자본(국가 보조금 등)뿐만 아니라 시민의 참여가 매우 중요하다. 지역의 자연자원을 최대한 활용하여 다양한 재생에너지원을 만들어내고 지역에서 생산된 전력은 지역 내에서 최대한 사용하고 추가(잉여) 생산분을 판매하여 발생한 추가 수익 또한 지역 내에서 선순환되는 이러한 에너지 경제 구조의 구현은 탄소중립도시 구현을 위해 매우 중요한 요소라 할 수 있겠다.

참고문헌

- Allgäuer Überlandwerk GmbH, 2022, Projekt Magazin pebbles
- Begleitforschung Smart Service Welt II, Institut für Innovation und Technik(iit) in der VDI-VDE Innovation `Technik GmbH, 2020, Energierevolution getrieben duch Blockchain Dezentral Systeme für lokalen Energiehandel und Stromspeicherbewirtschaftung in der Community
- Gemeinde Wildpoldsried, 2018, 100% Klimaschutz bis 2050 2. Klimaschutzleitbild der Gemeinde Wildplodsried
- Günter Mögle, 2021, The energy village of Wildpoldsried champion of the European Energy Award
- Michael Metzger, 2018, Netz- und Marktintegration von deyentraler Stromerzeugung im lädlichen Umwelt – am Beispiel der Projekt IREN2 und pebbles
- Michael Metzger, 2020, pebbles energy connects – Impulsvortrag
- https://pebbles-projekt.de
- https://www.haw-landshut.de
- https://www.siemens.com
- https://www.wildpoldsried.de
- https://www.wildpoldsried.de

#Power-to-Gas #그린수소 #분산형 수소 저장 시스템 #태양광
#에너지 전환 프로그램 #리튬 이온 저장 시설 #민관협력사업 #전기차
충전소 #생물 다양성 #재활용 #에너지 전환

PART 02

Seebrighof, Hausen am Albis, Switzerland

겨울 에너지를 저장해서 여름에 쓸 수 있는 '혁신적 에너지 시스템 단지'

- 위치 : 하우젠 암 알비스^{Hausen am Albis}, 스위스
- 사업기간 : 2000년~2025년(예정)

제브리호프 전경

지금까지 녹색 수소는 대부분 산업분야와 관련하여 논의되어 왔지만, 취리히Zurich 시 인근 하우젠 암 알비스에 있는 제브리호프Seebrighof 주거단지 사례는, '수소'를 통하여 스위스 연방의회 에너지전략 2050에서 강조하고 있는 '가스 및 액체를 기반으로 하는 저장기술'을 실현하고 있다.

제브리호프는 17세기 농가와 별채, 마구간과 텃밭이 있던 곳이었다. 토마스 포어리Thomas Foery는 오랫동안 이곳 농가에 세입자로 가족과 함께 거주하다가 2007년 이전 소유자로부터 마구간 건물과 부지를 함께 구입하여 건축업자와 함께 현대식 주거용 건물로 개조 및 신축했다. 포어리는 처음 단지를 계획할 때, 환경친화적이고 세대 간 공존을 촉진할 수 있는 단지를 목표로 핀란드 얼음 난방(Ice storage heating) 시스템을 적용하고자 했으나 자금조달의 문제가 발생했다.

토마스 포어리

주민회의 모습(개조전 건물)

핀란드의 얼음 난방 방식(Ice storage heating)은 지하에 얼음저장고를 만들고 여름철에 얼음을 저장해두었다가 겨울철에 얼음을 녹여서 난방에 사용하는 방식이다. 이 방식은 지하에 얼음을 저장해두기 때문에 에너지 손실이 적고, 겨울철 난방에 필요한 에너지를 절약할 수 있다. 또한, 얼음 저장고는 여름철 얼음을 저장하는 동안 온도를 낮게 유지하기 때문에 지하수 온도를 낮추는 효과도 있어 여름철 냉방에 필요한 에너지를 절약할 수 있다. 이러한 장점에도 불구하고 이 시스템은 저장고를 만들기 위한 비용이 많이 들고 얼음 저장을 위한 면적이 많이 필요하다는 단점이 있다.

공사중 모습

신규건축건물과 개조건물

남쪽전경

마을과 어우러진 제브리호프

그때, 취리히광역에너지공사(EKZ)의 에너지 전환 프로그램을 통해 계약을 맺으며 재정적 문제와 에너지 시스템 문제를 동시에 해결하게 되었다. EKZ의 비용 효율적인 구현 덕분에 포어리는 시스템 자금 조달이 쉬웠고 계획 및 건설 단계에서 발생할 수 있는 많은 변수와 위험, 노력을 아웃소싱 함으로 스위스 최초의 수소 저장 시설을 만들어 낼 수 있었다. 이 프로젝트는 2015년 8월 토지 취득을 시작으로 2019년 3월 건축허가를 득하고 2020년 1월 착공되었다.

이곳에 새롭게 적용된 시스템의 핵심은 '에너지 전환을 위한 계절별 저장'이었다. 여름철, 이곳의 태양광 시스템은 모든 가정이 필요로 하는 것보다 더 많은 에너지를 생산한다. 사용하고 남은 잉여 전력은 전력망에 다시 공급하는 대신 현장에 설치된 'Power−to−Gas(P2G) Plant'를 통해 수소로 변환시켜 저장한다.

잉여 전기로 물을 전기분해하여 수소를 생산하고 이를 정원 하부에 설치된 탱크에 기체 상태로 저장한다. 전기분해조는 해당 지역의 모든 소비자가 공급받고 1차적으로 배터리가 가득 차면 남는 태양광 전기로 가동되며, 생성된 수소는 가스 실린더에 저장되는 것이다. 춥고 어두

취리히광역에너지공사 Elektrizitätswerke des Kantons Zürich(EKZ)

취리히주의 주요 전기 유통회사로 1911년에 설립되어 취리히주와 그 주변 지역에 전력을 공급하고 있다. EKZ는 전기 생산, 유통, 그리고 에너지 서비스를 제공한다. 재생 가능한 에너지에 대한 투자와 기술 혁신에 주력하여 EKZ는 스위스의 에너지 전환을 주도하고 있다. 이 회사의 전력은 수력, 풍력, 태양광 및 바이오매스와 같은 친환경 에너지원으로부터 생산되고 다양한 에너지 효율 프로젝트를 지원하며 스위스 내에서 탄소중립 목표달성을 지원하고 있다. EKZ는 에너지 서비스 업체로서 전문화되고 있으며, 전기 그리드 및 인프라 관리, 에너지 관련 컨설팅, 통신 시스템 설계 등의 다양한 활동을 수행하고 있다. 이를 통해 스위스의 지속 가능한 에너지 미래에 대한 목표를 실현하는 데 기여하고 있다.

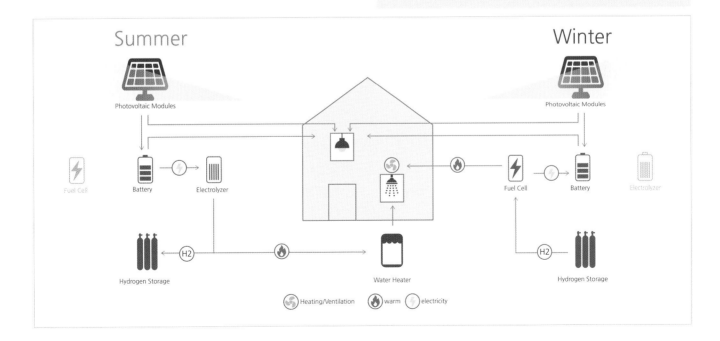

운 겨울철에도 태양광 시스템을 통해 생산된 전기를 사용하되, 열에 대한 수요가 증가하고 동시에 태양광 발전 생산량이 감소하므로 연료전지를 통해 저장해 두었던 수소를 열과 전기로 전환시켜 공급하고 이 과정에서 발생하는 폐열 또한 다시 열로 공급된다.

계절별로 이용할 수 있는 재생에너지원의 양과 질이 다르고 에너지 수요 또한 일 년 내내 변동된다. 따라서 탄소중립 도시를 위한 재생에너지 활용에 매우 중요한 기술 중 하나는 '에너지 저장(Energy storage)' 기술이다. 지열 시스템은 겨울에 열을 제공할 수 있지만, 전기는 제공할

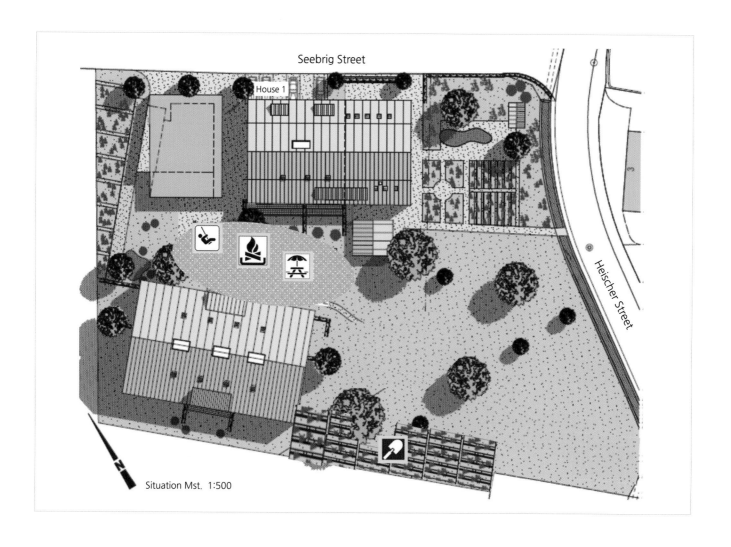

Situation Mst. 1:500

수소관련시설

수 없고, 전기 배터리는 단기 저장장치이므로 계절별 전기 저장 장치로 활용할 수는 없다. 이러한 이유로 제브리호프에 적용된 접근방식은 이러한 문제를 극복한 혁신적 기술이라 할 수 있다. EKZ는 이 시설을 통해 '수소 저장이 화석 연료로부터의 독립에 상당한 기여를 할 수 있고 겨울에 공급 격차를 해소할 수 있는지.' 여부를 결과로 보

여주고자 한다. 제브리호프의 분산형 수소 저장 시스템은 1,200kWh의 스토리지를 제공할 수 있으며 전기 자급률은 약 40% 정도를 달성한다.

제브리호프는 '모든 생활여건을 고려한 매력적인 생활 공간을 구현하고, 사생활을 존중하는 공동 주거를 실현하며, 지역 에너지의 효율적이고 안정적인 생산과 이용을 통한 탄소배출을 저감하는 것' 등을 목표로 건설되었다. 기존 건물을 확장해 분양 주택 7세대를 마련하고, 아래쪽으로 조합 임대 주택 28세대를 신규로 건설하였다. 두 아파트 사이에는 주민들을 위한 클럽하우스가 있으며 지하에는 주차장이 건설되었다. 클럽하우스는 주방이 있는 75㎡의 다용도실, 작업실, 탁 트인 전망과 함께 일몰을 즐길 수 있는 지붕이 있는 넓은 베란다가 있어 거주자에게 수많은 모임과 활동의 기회를 제공한다. 단지에는 이 외에

신규건물 개조건물 및 공동시설

제브리호프 주택협동조합

주민공동시설

주민공동시설(자전거주차장 및 지붕녹화)

개조부분과 증축부분

도 채소밭, 바비큐장, 벤치, 운동장, 과수원 등의 공간이 유기적으로 연결되어 있다. 주민들은 임대주택의 세입자든 분양 주택의 소유주든 관계없이 야외공간과 클럽하우스를 독립적으로 공유한다. 또한, 주민들은 스위스 스타트업인 비유니티beUnity AG의 사용자 친화적인 커뮤니케이션 앱을 통해 자유롭게 소통한다.

지금까지 스위스에서 P2G 시스템은 실험적 성격을 가졌으므로 이곳 제브리호프 사례는 스위스 내에서도 매우 혁신적인 사례라 할 수 있다. 에너지 업체인 EKZ는 다양한 구성요소를 표준화된 전체 솔루션으로 통합하여 시장성 있는 제품을 개발했고 포어리의 결정을 통해 이는 실현되었다. 특히, 이 시스템을 통해 재생에너지를 활용한 겨울철 에너지 공급 격차를 해소할 수 있을 것으로 기대하고 있다. 도시에서의 아파트 건물은 지역 전기 저장장치로 에너지를 생성하는 데 사용되므로 에너지 전환에 매우 중요한 기여를 하게 된다. 만일 제브리호프 사례와 같은 시스템이 100만대가 설치된다면 약 3.6TWh(테라와트시)의 에너지를 생산하게 되며, 이는 스위스 뮬레베르그Mühleberg 원자력 발전소가 1년 동안 생산하는 양에 해당한다.

"전 세계적으로 증가하는 에너지 수요가 태양과 바람, 물에 의해서만 충족될 수 없을지도 모른다. 그렇다고 미래의 에너지를 위해 우리가 할 수 있는 것이 더 이상 없는 것은 아니다. 재료, 생산, 건설 공정, 삶의 방식 등 모든 것을 최적화하고 이 모든 속에 포함된 잠재력을 최대한 활용 해야 한다"고 포어리는 말한다. 이처럼 탄소중립 도시를 향해서 우리는 새로운 시스템을 개발하고 당면한 문제들을 하나씩 해결해나가는 솔루션을 찾아야 한다. 이것은 제브리호프에서처럼 공공과 민간, 개인과 집단이 각자의 위치에서 할 수 있는 역할을 하며 서로가 가진 문제를 각자의 역량을 발휘하여 새로운 것들을 시도할 때 가능할 수 있다.

참고문헌

- EKZ, 2022, Im Winter mit Solarstrom heizen - Saisionale Stromspeicherung in Wasserstoff, Projektvorstellung See-brighof in Hausen am Albis
- EKZ, 2022, Mit Wasserstoff Strom lagern, 1. Dach-Wasserst-offsymposium
- Gemeinde Hausen am Albis, 2022, Huuser Spiegel
- Immo Magazin, 2021, IMMO22, 10-Jähriges Jubiläum
- Immobilia, 2021, Energieoptimierung der Gebäudehülle
- https://seebrighof.ch
- https://www.ekz.ch
- https://www.immo-invest.ch

#2000 와트 지구 인증 #탄소 중립 지구 #건축물 에너지 효율(Minergie-P-Eco/Minergie-P-Renovation)
#건축물 인증제도(LEED Core & Shell Platinum) #태양광 #에너지 센터 #지하수 및 지열원
#분산형 열 펌프 #지열 프로브 #지속가능성 원칙 #전기차 충전소 #도시재생 #재활용
#에너지 전환 #컴팩시티 #민간주도 #eSMART

PART 03

Greencity Zürich Süd, Zurich, Switzerland

"비전이 현실이 되다." 스위스 최초의 탄소제로지구, 그린시티 취리히

- 위치 : 취리히, 스위스
- 면적 : 8ha
- 사업기간 : 2000년~2025년(예정)

1952

2015

2016

2021

취리히 도심에서 남서쪽으로 약 7km 떨어져 광역전철 (S-Bahn)로 불과 11분이면 도착할 수 있는 옛 방적 및 제지 공장 부지에 스위스 최초의 '탄소제로 지구'를 목표로 그린시티 취리히 주트^{Greencity Zürich Süd}(취리히 남쪽 그린시티)가 건설되고 있다.

스위스 정부의 에너지 및 환경 전략 중 하나인 '2000-

Watt Society(2000-와트 사회)'의 실현을 위해 계획된 이곳은 8ha의 면적에 주거, 업무, 상업, 호텔, 학교 시설 등의 기능으로 구성(주거 52%, 업무 40%, 학교 4%, 상업 4%)되어있고 740개의 주거와 약 2,000명의 인구를 수용할 수 있다. 지구 내 모든 건물은 최신의 에너지 기준을 충족하도록 계획되었고 재생 가능한 에너지로 CO_2 중립적인 열과 전기를 공급받는다. 이러한 지속 가능한 방식으로 그린시티는 현대적이고 통합된 형태의 생활 및 업무, 교육, 서비스를 제공한다. 2012년, 이 지구는 스위스 최초로 '2000-Watt Areal(2000-와트 지역)' 인증을 획득했다.

그린시티가 위치한 질-마네그^{Sihl-Manegg}지역은 과거 제지 공장과 방적 공장이 자리했던 곳이다. 1832년부터 이 지역에는 인접한 운하를 활용해 수력으로 공장을 가동하는 시스템의 공장들이 세워지게 되었고 마네그의 방적 공장은 이 인근 지역에서 가장 마지막에 건설된 대규모 공장이었다. 현재 리노베이션 되어 주거용 건물로 사용되고 있는 옛 방적 공장 건물은 1857년 처음 지어져 곡물 창고(wheat house)로 사용되다가 1861년 도자기 공장으로 확장되었고 1875년에는 방적 공장으로, 1904년부터는 제지 공장으로 사용되었다. 이 오래된 건물은 19세기부터 취

1895년 방적공장과 운하

1913년경 마네그다리와 대상지

리노베이션 건물

과거 대상지 모습

리히에서 가장 큰 산업 건물의 자리를 지켜온 역사적 가치를 높게 평가받아 2007년 보호 유산으로 등록되었고 1905년 매각된 후 리노베이션을 거쳐 콘도미니엄과 레스토랑으로 사용되고 있다. 건물 기초의 안전성을 보강하고 여러 건축적 문제를 해결함은 물론, 에너지 성능을 강화하여 최신 에너지 성능 기준(Minergie, 미네르기)을 달성한 이 건물은 이와 동시에 자랑스러운 산업용 건물의 눈에 띄는 특징을 가진 외관을 그대로 보존하여 새로운 지역의

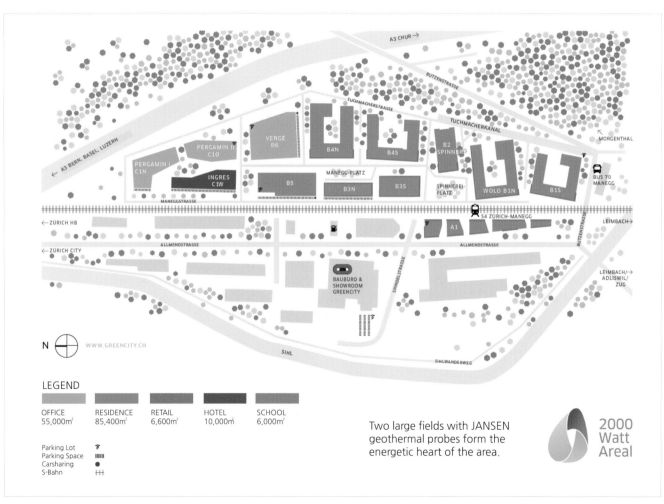

LEGEND

OFFICE	RESIDENCE	RETAIL	HOTEL	SCHOOL
55,000m²	85,400m²	6,600m²	10,000m²	6,000m²

Parking Lot
Parking Space
Carsharing
S-Bahn

Two large fields with JANSEN geothermal probes form the energetic heart of the area.

2000 Watt Areal

배치도

정체성을 부여하는 중요 시설로 자리매김하고 있다. 150
여 년간 전기를 생산해오던 공장 운하는 보수 및 재활성
화되어 현재는 동식물의 중요한 서식지가 되었고 남겨진
다른 산업 유산들과 함께 역사적 보호 대상이 되었다.

  자연과 드넓은 녹지, 지속가능성을 위한 지역이라는
의미의 'Green'과 활력 및 우수한 인프라를 보유하고 있다
는 의미의 'City'가 결합 된 Greencity는 이 프로젝트의 특
징을 잘 반영하고 있다. 주거용 건물은 사이트의 남쪽과
중앙 부분에 위치하고 개별 맞춤형 평면으로 다양한 요구

사항에 대응하고 다양한 세대 혼합을 위한 최적의 조건을
반영하였다.

  그린시티 주변의 녹색 벨트는 건물 사이의 넓은 열린
공간에서 주거용 건물의 내부 안뜰까지 이어진다. 그린시
티에서의 'Green'은 단순히 녹지 혹은 자연에 가깝다는 의
미만은 아니다. 지속가능성 원칙은 생태적, 사회적, 경제
적 측면으로 그린시티에서 구체적으로 구현된다. 그린시
티는 S-Bahn, 버스, 자동차, 자전거를 통해 도시 주요 지
점까지 빠르고 직접적인 연결을 제공한다. 지구 내에 위

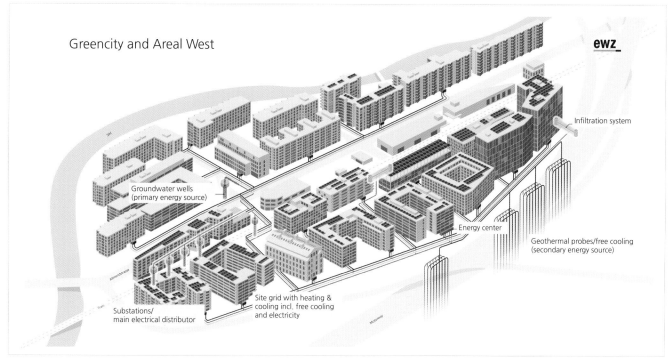

에너지개념도

치한 마네그역은 그린시티의 모든 건물에서 도보로 몇 분 내로 접근이 가능하다. 취리히 중앙역까지는 환승 없이 11분 내로 도착할 수 있고 배차 간격이 15분으로 이용 편의성을 높였다. 대중교통 네트워크의 우수한 연결성과 인접 지역에 에너지를 공급하는 포인트는 그린시티의 지속 가능성 개념을 완성시킨다.

개발사인 부동산 개발업체 로징거 마라치 주식회사 Losinger Marazzi AG는 2000-Watt Society 목표 달성을 위해 지구 내 모든 건물을 최신 에너지 기준을 달성하도록 계획하였는데 주거용 건물은 Minergie(리노베이션 건물)와 Minergie-P-ECO 기준을, 사무용 건물은 LEED Core & Shell Platinum 기준을 충족하도록 했다.

종류	주요 내용
Minergie Standard	· 주거용 및 상업용 건물에 적용 · 기존 건물의 개량에도 적용 가능
Minergie-P	· 재생에너지를 적극적으로 활용하여 전기 수요를 감소시키는 인증 시스템 · 태양광, 지열, 바이오매스 등의 재생에너지를 사용하여 지속 가능한 에너지 소비를 촉진
Minergie-A	· 주거용 건물의 공기 품질을 향상시키는 시스템 · 건물 내부의 환기시스템과 공기처리 기술을 개선하여 사용자들에게 편안하고 건강한 환경을 제공함
Minergie-ECO	· 더 높은 수준의 지속 가능한 건축 기준을 충족하는 인증시스템 · 친환경적이고 자원 절약적인 솔루션을 도입하여 건물의 지속 가능성을 높임

스위스 Minergie 인증시스템의 종류 및 주요 내용

스위스 Minergie 인증

스위스 Minergie는 지속 가능한 건축물을 위한 인증 시스템으로 건물의 에너지 효율성을 촉진하고 환경에 대한 영향력을 최소화하며 사용자의 편의와 편안함을 고려하여 1988년 개발된 인증 시스템이다. 건물의 에너지 소비를 최소화하고, 건물의 건축과 사용 단계에서 환경에 대한 영향력을 고려하여 친환경적인 솔루션을 적용하며, 건물 내부 환경 및 사용자의 건강 및 편의를 고려하여 양질의 환기 시스템과 공기 처리 기술을 도입하는 것이 이 시스템의 특징이다. 적용할 수 있는 건물의 종류와 에너지 성능 기준 등에 따라 Minergie(Standard), Minergie-P, Minergie-A, Minergie-ECO 등의 종류로 나뉘는데 Greencity의 주거용 신규 건물이 획득하도록 계획되어있는 Minergie-P-ECO는 Minergie-P 기준에 더하여 ECO 요건을 추가로 충족하는 건물에 부여된다. Minergie-P-ECO 등급은 연간 전열 에너지 수요 30kWh/㎡a 이하를 충족하고 철저한 단열, 고효율 문과 창호, 고효율 에너지 기기 등을 사용해야 한다. 실내 공기 질과 쾌적함을 위해 공기를 정기적으로 교환하는 열회수 전기 환기 시스템이 요구되며 환경친화적 건축자재 사용을 통해 내외부 자재의 VOC(휘발성 유기 화합물) 및 포름알데히드 농도를 낮게 유지시켜야 한다.

모든 건물의 에너지 기준 달성을 위해 그린시티는 에너지 성능(외부 단열, 외피 기밀성, 이중 흐름 환기 등)을 높이고 완공 후 냉난방에 100% 재생(히트펌프, 지열, 태양광, 바이오가스)에너지를 공급한다. 10개 건물에는 총 출력이 500kWp

이상인 태양광 시스템이 설치되어 있고 앞으로 계속해서 추가 설치될 예정이다. 지구 내에서 자체적으로 생산한 태양광 에너지는 그린시티 내 에너지 센터를 통해 아파트에 공급된다. 또한, 태양광 패널은 지붕녹화와 함께 설치하여 여름철 태양광 패널이 과열되는 것을 방지하고 적절한 온습도를 조절하여 태양광 모듈이 항상 효율적인 발전량을 유지할 수 있도록 역할 한다.

난방 및 냉방에 지하수와 지열 에너지가 사용되는 것은 이제 특별할 것이 없지만 그린시티의 혁신적인 에너지 컨셉 중 하나는 이 두 가지 시스템을 결합했다는 점이다. 이곳 일부는 지열 에너지 지역에 속하고 일부는 지하수 지역에 속한다. 지하수로부터 얻을 수 있는 열 에너지

양은 연간 5,500MWh로 제한되어 있기 때문에 그린시티에서는 충분한 재생에너지 생산을 위해 지열 에너지를 사용해야만 했다. 따라서 6개의 지하수 관정과 결합 된 220m 깊이로 설치된 215개의 지열구가 겨울에는 난방을, 여름에는 냉방을 함께 제공한다. 이처럼 지하수는 이곳의 주요 에너지원이다. 열펌프는 총 5MW의 출력을 제공하며 열 에너지는 지역난방 네트워크를 통해 개별 건물의 개별난방에 사용된다. 가정용 온수는 열펌프를 통해 약 30개의 분산형 변전소에서 최대 60℃까지 가열되어 사용된다. 이 과정에서 여름에는 바닥 난방에서 반환되는 열원을 사용하고 겨울에는 건물의 폐열과 환경, 지하수 및 지열 프로브의 열을 사용한다. 별도의 지역 냉방 네트워크는 여름에 건물을 냉방 하는 데 사용된다.

호텔

호텔 외장재

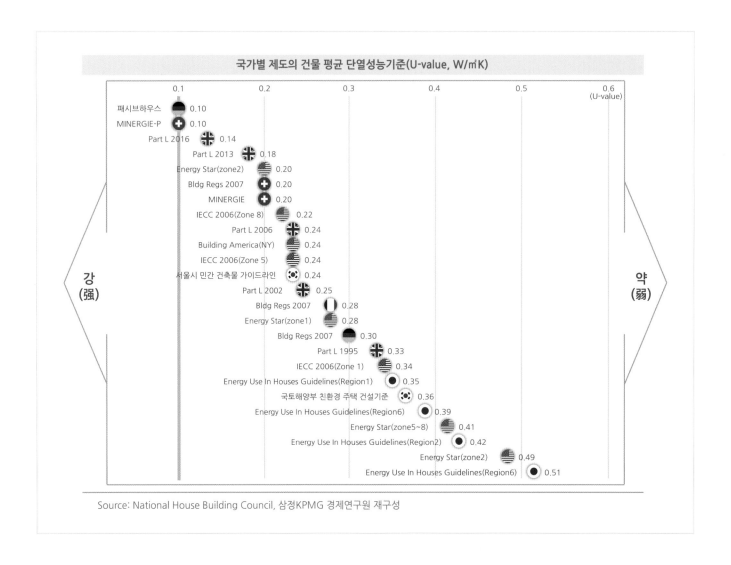

국가별 제도의 건물 평균 단열성능기준(U-value, W/㎡K)

	U-value
패시브하우스	0.10
MINERGIE-P	0.10
Part L 2016	0.14
Part L 2013	0.18
Energy Star(zone2)	0.20
Bldg Regs 2007	0.20
MINERGIE	0.20
IECC 2006(Zone 8)	0.22
Part L 2006	0.24
Building America(NY)	0.24
IECC 2006(Zone 5)	0.24
서울시 민간 건축물 가이드라인	0.24
Part L 2002	0.25
Bldg Regs 2007	0.28
Energy Star(zone1)	0.28
Bldg Regs 2007	0.30
Part L 1995	0.33
IECC 2006(Zone 1)	0.34
Energy Use In Houses Guidelines(Region1)	0.35
국토해양부 친환경 주택 건설기준	0.36
Energy Use In Houses Guidelines(Region6)	0.39
Energy Star(zone5~8)	0.41
Energy Use In Houses Guidelines(Region2)	0.42
Energy Star(zone2)	0.49
Energy Use In Houses Guidelines(Region6)	0.51

강(强) 약(弱)

Source: National House Building Council, 삼정KPMG 경제연구원 재구성

지하수는 2차 에너지원인 지열 에너지와 완벽하게 조화를 이룬다. 여름철 지하수를 통해 건물에 냉각을 공급할 때 발생하는 열은 지열 저장 탱크에 저장되어 이용된다. 이것은 추운 계절 지역난방 네트워크로 열에너지를 다시 사용할 수 있도록 함으로써 계절별 열 저장소 역할을 수행한다. 그린시티 에너지 컨셉을 개발하고 운영하고 있는 취리히 전력공사는 수년간의 운영 경험을 통해 프로젝트 관리자의 역할을 수행하고 있다. 특히, 취리히 전력

학교

학교 옥상 태양광 모듈

학교 옥상 태양광 모듈

공사는 예측과 실제의 편차를 허용할 수 있는 개념을 개발하는 것이 매우 중요하며 현실에서 이러한 차이는 항상 발생하는 문제라고 강조하고 있다. 즉, 견고한 시스템을 구축하고 효율적으로 운영하기 위해서는 일정량의 변동량을 대비해야 한다는 것이다.

예를 들자면, 기후변화로 인해 겨울의 평균기온은 조금씩 더 오르고 여름은 갈수록 무더워지는 경향이 발생하고 있으며 이러한 상황에서 향후 난방 수요는 상대적으로 감소하고 냉방 수요는 증가할 것을 예측해야 한다는 것이다. 또한, 여름철에는 건물 냉각을 위해 많은 열에너지가 지열 하부 시스템으로 회수되는데, 이때 열교환을 위한 설비가 과열되지 않도록 주의를 기울여야 한다. 반대의 예로 코로나 팬데믹 시기에는 몇 달 동안 대부분 근로자의 업무 형태가 재택근무로 전환되어 업무용 건물의 이용이 급격히 낮아졌고 사용자가 내부 열부하를 적게 발생시켜 여름철 실내 냉방 수요가 급감했다. 때문에 계절별 운영에 대한 예측과 계획이 중요하며 지하의 온도, 압력, 습도 등을 측정하고 분석하는 장치인 지열 프로브 또한 실제 값과 목표 값을 모니터링하여 지속적으로 점검되어야 한다. 이처럼 에너지 인프라 솔루션의 운영을 위해서는 많은 전문 지식과 경험, 기술 데이터가 필요하다. 이러한 관점에서 취리히 전력공사가 그린시티의 에너지 운영 계약을 30년 이상으로 길게 맺고 지구 전체의 냉난방 및 전기 네트워크, 에너지 시스템의 운영과 관리를 책임지는 것이 매우 효율적이라고 볼 수 있다.

앞서 언급한 바와 같이, 전체 지구의 건설이 완료되면 그린시티는 100% 재생에너지로 전기 및 냉난방을 충당하게 된다. 난방 및 온수는 지하수 27%, 지열 39%, 열회수 17%, 히트펌프 전기 17%로 이용할 수 있고 냉방은 지하수를 통한 자유냉각 방식으로 이루어진다. 전기는 수력 46%, 태양광 24%, 추가로 구매하는 재생에너지 30%로 충당할 예정이다.

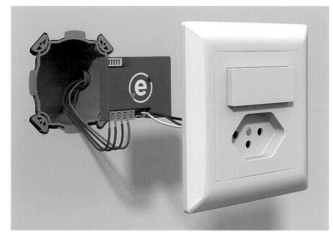

스마트기기

ALLTHINGS HOME

개발사 로징거 마라치는 사물인터넷(IoT), 스마트 홈 솔루션, 에너지 관리 솔루션 등의 전문 기업인 Qipp AG 및 eSMART Technologies AG와 협력하여 그린시티 App을 개발했다. 이것은 거주자들의 에너지 의식을 고취시키고 동시에 그들에게 현대적이고 연결된 주거공간을 제공한다. 임대 아파트를 포함한 그린시티의 모든 주거용 건물에는 모두 그린시티 App 설비가 탑재되어 있다. App과 함께 Qipp사의 모듈식 소프트웨어 'ALLTHINGS HOME'도 함께 서비스하고 있는데 이것을 통해 주민들은 동네에 관한 정보를 교환하고 아파트 및 동네, 주변 지역에 대한 실용적이고 개인화된 정보를 제공 받는다. 여기에는 지역 개발 및 수많은 서비스에 관한 기사, 집의 모든 장치에 대

역과 호텔 전경

한 사용 설명서 및 관리 지침 등이 담겨있고 각 가정의 에너지 소비량도 측정할 수 있다. eSMART 모듈의 추가 통합으로 주민은 에너지 소비량(전기, 온수 및 냉수, 난방 등)을 실시간으로 모니터링 할 수 있고 어느 정도 범위 내에서는 난방 온도를 개별적으로 제어할 수도 있으며 이동 중에도 가능하다.

철로와 고속도로 사이에 위치한 7층 규모의 호텔 및 오피스 건물은 그린시티 부지의 북측에 끝단에 위치하여 인접한 11층 규모의 건물과 함께 새롭게 건설된 그린시티의 경계를 알려준다. 호텔과 오피스 건물 안쪽으로는 기다란 형태의 마네그 광장Maneg gplatz에 인접한 공공 안뜰을 품고 있고 이 건물군의 낮고 길쭉한 볼륨은 서측의 거리와 동측의 철로와 인접해있다. 174개의 호텔 객실과 오피

도심으로 연결되는 광역전철

오피스건물 상세

아파트 건물

스, 어린이집, 지하주차장의 기능으로 구성된 이 건물은 초기에 업무 전용 건물로 계획되었다가 연구를 통해 호텔 (2/3), 오피스(1/3)로 변경되어 건축되었다. 1층에 위치한 어린이집은 안뜰 쪽으로 자체 출입구가 마련되어 있고 도로 방향으로 호텔 리셉션과 레스토랑이 배치되어 있다. 호텔 및 오피스의 임차인은 LEED의 Core & Shell (Platinum) 기준을 만족시키는 범위 내에서 개별적으로 개성을 살려 공간을 직접 완성한다. 반면 외부와 내부, 아래층과 위층을 연결하는 로비, 계단실, 엘리베이터 코어 등은 외관적으로 일관성을 가진다. 광택이 있는 콘크리트 바닥은 하중 지지구조를 나타내고 짙은 갈색 금속 표면은 건물 외피를 나타낸다. LEED Platinum 기준을 만족시키기 위해서 이 건물은 지열 난방, 20~24㎝ 두께의 단열층, 태양광 설비 등을 적용했다. 사무공간은 환기시설이 통합된 냉난방 설비로 효율적인 실내 에너지 분배가 이루어지고, 배기 공기는 코어에서 중앙 집중식으로 추출된다. 호텔 객실은 천장에 통합된 파이프로 냉난방이 이루어지고 공기 배관은 사전 제작된 욕실 위에 설치되어 있다. 이러한 설비와 시스템의 적용을 통해 LEED Platinum 등급 인증을 받을 수 있었다.

에너지설비1

에너지설비2

에너지서버

LEED인증판

LEED는 미국 USGBC(Green Building Council)이 개발한 지속 가능한 건축물 인증 시스템으로 건축물의 설계, 건설, 운영 단계에서 환경친화적이며 자원 절약형 건물을 촉진하고 인증하는 것을 목표로 한다. LEED 인증 건물은 비용을 절약하고 효율성을 개선하며 탄소 배출량을 낮추고 사람을 위한 더 건강한 장소를 만든다. 이것은 ESG 목표를 충족하여 회복력을 강화하고 보다 공평한 커뮤니티를 지원하는 데 매우 중요하다. LEED는 전 세계적으로 사용되고 있으며 인증을 획득하기 위해서 각 프로젝트는 탄소, 에너지, 물, 폐기물, 운송, 재료, 건강 및 실내 환경 품질을 다루는 전제 조건 및 크레딧을 준수하여 포인트를 얻게 되고 GBCI(Green Business Certification Inc.)의 검증 및 검토 프로세스를 거쳐 인증(Certified, 40~49점), 실버(Silver, 50~59점), 골드(Gold, 60~79점), 플래티넘(Platinum, 80점 이상)의 등급으로 인증이 수여된다. 그린시티의 사무용 건물이 달성하고 있는 Core & Shell 등급은 건물의 기본 구조, 공동 영역, 건축 시스템 및 임대 공간과 같은 핵심 및 외피 프로젝트에 더욱 높은 기준이 적용된다.

그린시티가 스위스 최초로 획득한 '2000-Watt Areal' 인증 라벨은 스위스 연방 에너지청(SFOE)과 취리히 시가 작성한 '2000와트 사회를 위한 지역 개발' 지침과 밀접하게 연결되어 있다. 이 인증서는 2000-Watt Areal이라는 용어에 대한 구속력 있는 프레임워크 조건을 생성하는데 이것은 건물의 구조만 고려하는 Minergie 표준과 달리 해당 영역의 운영 단계를 모두 포함한다.

2000-Watt Gesellschaft(2000-Watt Society)는 에너지와 기후 목표를 결합한 것으로, '에너지 전략 2050'의 국가 에너지 목표, '파리기후협정(2015)' 목표, 'IPCC 연구결과' 및 스위스 연방의회가 선언(2019)한 '기후 중립 스위스 2050'의 목표치를 과학적으로 통합한 것이다. 2000-Watt Society는 국가 에너지 및 기후 목표를 지자체 수준으로 재설정하고 표준화된 지자체 회계 프레임 워크 및 도시·

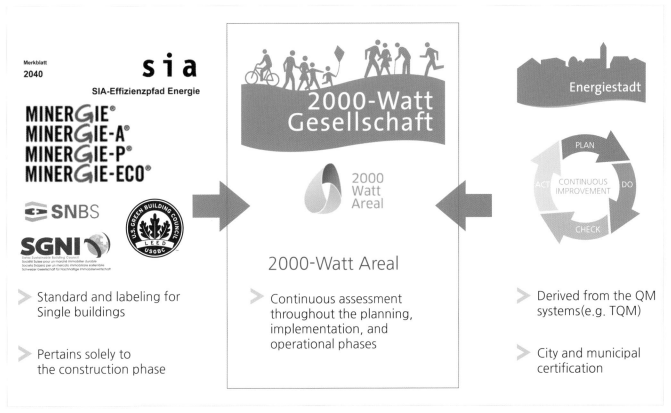

스위스의 건축, 지구, 도시 인증제도 통합계획

지역사회에 대한 Net-Zero의 정의, 오리엔테이션 등을 제공하고 방법을 보여준다. 세부 목표는 '1) 1인당 1차 에너지 사용량 2000-Watt 유지, 2) 에너지 관련 온실가스 배출 제로, 3) 100% 재생에너지의 공급'으로 설정된다.

2000-Watt Society는 1997년 취리히에 있는 취리히 연방 공과대학교Eidgenössischen Teschnischen Zürich(ETHZ)의 과학자들에 의해 개발된 에너지 정책 모델로 점점 고갈되고 있는 글로벌 자원을 보다 공정하고 지속 가능하게 사용하고 동시에 기후보호 목표를 달성할 방법을 찾는 연구에서 시작되었다. 이는 한 사람이 시간당 2kWh(즉, 하루 48kWh)를 소비하는 것을 의미하고 2005년 대비, 2050년까지 에너지 소비는 45%로 줄이고 CO_2 배출량은 75%까지 감축해야 한다. 이 정책은 각 지자체의 주민 투표를 통해 지자체 조례와 에너지 정책 목표에 반영되며, 취리히는 2008년 시행한 투표 결과 76.4%의 찬성을 얻어 적용되기 시작했다. 2000-Watt는 현재 세계 평균 기본 에너지 사용률이다. 2008년 기준, 서구 유럽은 약 6,000W, 미국 12,000W, 중국 1,500W, 인도 1,000W, 방글라데시 300W의 평균을 보

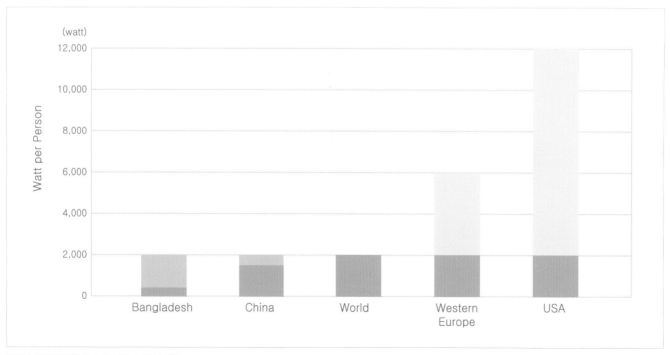

국가별 1인당 에너지 소비량(1시간), 2008년 기준

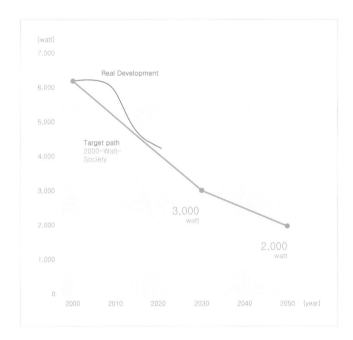

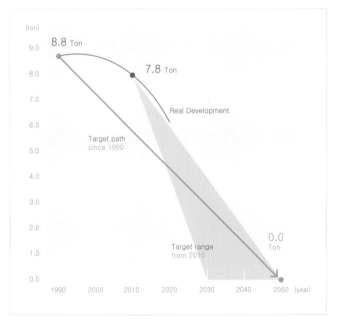

유했다. 당시 스위스 평균은 약 5,000W의 평균치를 보였고 스위스가 마지막으로 2,000W 수준이었던 시기는 1960년대였다.

2000-Watt Society 실현을 위해 스위스는 별도의 인증제도를 동시에 운용하고 있다. 개별 건축물은 스위스 건축물 에너지 효율화 기준(SIA)과 LEED, DGNB 등의 국제 인증제도가 건설과정에 적용되고, 도시 단위는 Energiestadt(에너지도시) 제도가 있으며 이는 '2000-Watt Areal'로 통합된다. 2023년 상반기까지 스위스 전역에서 총 48개 지역이 2000-Watt Areal 인증을 받았고 31개 지역은 '개발 중' 인증을, 12개 지역은 이미 준공되어 '운영 중' 인증을 받았으며 5개 지역은 '변형 중'으로 인증을 획득했다. 그린시티 취리히는 2012년 '개발 중' 인증을 받았고 2015년에 이미 '운영 중' 인증까지 획득했다.

참고문헌

- Energieschweiz, 2016, Greencity Zurich
- Energieschweiz, 2020, Kurzfassung- Leitkonzept fuer die 2000-Watt-Gesellschaft, Beitrag zu einer klimneutralen Schweiz
- Energieschweiz, 2021, Handbuch zum Zertifikat 2000-Watt-Areal
- Jansen AG, 2020, 2000-Watt-Areal – Greencity: Erdwärme macht aus der Vision Wirklichkeit
- Kellenberger, D. 2019, 2000-Watt-Areal, Vereinte zeitgemaesse Archichtektur und Mobilitaet, Forum Architektur in der Messe Zuerich, 05.09.2019
- Losinger Marazzi, 2014, Das Greencity Magazin, Ausgabe N0.1
- Losinger Marazzi, 2015, Greencity - Das erste zertifizierte 2000-Watt-Areal der Schweiz
- Losinger Marazzi, 2016, Das Greencity Magazin, Ausgabe N0.2
- Stadt Zürich, 2022, Vorschriften zum Privaten Gestaltungsplan Manegg
- https://2000watt.swiss
- https://www.bouygues-construction.com
- https://www.losinger-marazzi.ch
- https://www.myesmart.com
- https://www.stadt-zuerich.ch
- https://www.swissengineering.ch

GERMANY

Freiburg

#플러스 에너지 지구 #패시브 하우스 #탄소중립 공공청사
#에너지 자립 #태양광 #목재건축 #지속가능성 #수직녹화
#지붕녹화 #베리어 프리 건축 #지역 자원순환
#컴팩시티 #대중교통 도시(트램, 자전거, 보행 친화도시)

PART 04

Freiburg Energy Building, Germany

독일의 미래 도시 표준을 살고있는 친환경 수도 프라이부르크의 에너지 건물

생태수도를 꿈꾸는 독일 프라이부르크^{Freiburg}는 더 친환경적이고, 더 생태적인 도시이다. 40년 전에는 프라이 부르크 주민의 15%만이 교통수단으로 자전거를 이용했지만, 지금은 시민 전체의 약 1/3 이상이 이용하고 있다. 반

Freiburg Vauban

대로 자동차의 이용은 같은 기간 동안 39%에서 21%로 지속적으로 낮아지고 있다. 연간 1,800시간의 일조량을 가진 프라이부르크는 태양 에너지 분야의 선도 도시이기도 하다. 새로 건설된 시청사는 파사드 전체에 800개의 태양광 패널을 갖추고 있는 제로 에너지 개념으로 설계되었으며 프라이부르크의 축구 경기장 지붕에는 세계에서 가장 큰 규모의 태양광 시스템이 있다. 또한, 최근 지속 가능한 생태주거단지로 잘 알려진 도시 서쪽의 리젤펠트Rieselfeld 인접 지역에 15,000명 규모의 탄소 중립 지구 건설을 시작했다.

프라이부르크시 중심지에서 남쪽으로 15분 정도 트램을 타고 가면 오랫동안 월평균 약 1,500여 명의 방문객이 전 세계에서 찾아오는 생태주거단지가 있다. 이곳을 방문하면 자동차 없이 도시생활이 가능한 방법에 대한 아이디어를 얻을 수 있다. 이곳은 프라이부르크가 세계적인 친환경 수도가 되기 위해 계획한 모델을 과거 프랑스군이 주둔했던 군사 지역에 건설한 '보봉Vauban' 지구이다. 보봉이라는 지역명은 루이 14세 시대의 건축가 이름을 따라 지어졌다. 이 지구에는 5,600여 명의 사람들이 미래 독일의 표준이 될 방식으로 이미 20년 전부터 살고있는 현장이기도 하다. 밝은 색상의 패시브 하우스, 지붕 위에 설치된 태양광 모듈과 지붕녹화, 목재 건축, 넓은 보도와 자전거 도로, 다양한 컨셉으로 마련된 생태적 놀이시설물 등으로 아이들에게 진정한 천국으로 인식되는 이곳은, 2010년 상하이 엑스포에서 세계적으로 가장 살기 좋은 60개 지역 중 하나로 선정되기도 했다.

Plus-Energy Houses® 'Sonnenschiff Vauban'

- 위치 : 쉬리어베르크Schlierberg, 프라이부르크, 독일
- 용도 : 주거(상업 일부)
- 설계 : 롤프 디쉬Rolf Disch
- 건설기간 : 1999년~2006년
- 특이사항 : 태양광 펀드(부동산 펀드)와 15명의 소규모 투자자(태양광 발전 시스템)에 의한 자금 조달, Plus-Energy House® 개념으로 European Solar Prize 등 많은 상 수상

'존넨쉬프Sonnenschiff'는 '태양 배' 또는 '태양 선박'이라는 뜻이다. 지구의 단지와 건축물이 마치 태양광 에너지가 덮여 있는 배 형태를 띠고 있다. 이곳은 앞서 설명한 보봉과 바로 인접하고 있으며, 보봉 지구계획과 주요 기준인 자동차 이용 감소, 지속 가능한 물 관리, 에너지 절약 건물, 건설 폐기물 관리 등을 반영하여 계획된 쉬리어베르크 지역에 건설되었다. Plusenergie Haus(플러스에너지 하우스)를 설계한 롤프 디쉬는 건축가이면서 동시에 에너지 전문가로 1980년대에 세계 최초로 'Solar Station'을 발표하

존넨쉬프(배모형)

고 '100% Solar Car'로 호주를 횡단하기도 했다. 1994년 그는 주택 내부에서 소비하는 에너지보다 더 많은 에너지를 생산한다는 의미의 플러스에너지 주택을 계획했다. 총 83가구의 플러스에너지 주택이 4개 동으로 건설되었다.

쉬리어베르크의 태양 에너지 주거단지는 태양 에너지

건설의 미래와 자연과의 조화로운 생활을 현실화하는 것이 대표적인 모토이다. 이곳은 태양광 건설과 생활을 위한 미래지향적인 파일럿 프로젝트로 추진되었다. 목재로 지어진 2~3층의 건물은 남향으로 배치되었고 단열, 환기 등 난방 에너지 요구사항을 15kWh/㎡의 패시브 하우스 표

플러스에너지 하우스 전경

플러스에너지 하우스 건축물 위 솔라패널

준의 높은 수준으로 제한하였다. 이를 위해 이곳에는 열 회수 기능이 있는 분산 환기 및 추가 난방이 거의 필요하지 않은 남향 대형 삼중창 등의 요소가 적용되어 설계되

었다. 또한, 개별적인 디자인, 천연 건축 자재 사용, 독특한 색상은 단지의 외관에 특징을 부여했다.

건물 지붕의 태양광 시스템은 연간 약 420,000kWh 생산 규모로 주택 거주자들이 소비하는 총 전기보다 더 많은 전기를 생산한다. 이는 'Plus-Energy Houses®' 건설방법을 선택했기 때문에 가능했으며 초과 생산되는 에너지는 일반 전력망에 공급된다. 부퍼탈Wuppertal대학의 모니터링 연구에 의하면 이곳은 m²당 년간 평균 36kWh의 잉여 에너지가 생성되는 것으로 보고되었다. 최적화된 패시브 하우스 규격과 추가적인 에너지 생성은 사용자의 비용을 상당히 감소시킨다. 이는 일반적으로 유지를 포함하여 약 200유로의 난방비와 전기에서 약 2,000유로의 수입이 계산된다. 이러한 저렴한 주거비용에도 불구하고 주택가격은 프라이부르크에서 유사한 위치에 있는 아파트보다 더 비싸지 않다. 주택의 1/3은 분양형 아파트이고 나머지 1/3은 개인 투자자가 구매하여 임대, 나머지는 부동산 펀드를 통해 판매되었다. 그리고 도로변 배 모양을 한 존넨쉬프는 주거용 건물과 상업용 건물로 인접한 도로의 소음과 위험 등으로부터 주거단지를 보호하도록 설계되어 건설되었고 열 공급은 보봉 지역의 목재 칩 발전소에서 공급되고 있다.

Green City Hotel Vauban

- 위치 : 보봉, 프라이부르크 임 브라이스가우^{im Breisgau}, 독일
- 용도 : 호텔
- 설계 : 바르코 레이빙거^{Barkow Leibinger}(베를린)
- 특이사항 : Freiburg Social Work Association, 프라이부르크 Stadtbau GmbH 공동 프로젝트 추진

1998년 군사부지에 건설되어 현재 5,500명이 거주하고 있는 보봉은 20년 이상 지속 가능한 주거 모델 대표로 전 세계에 알려졌다. 최근 이 지구에 환경보호와 지속 가능한 여행을 중요시하는 여행객을 위해 생태와 포용성을 중시하는 친환경 호텔 '그린시티 호텔 보봉^{Green City Hotel Vauban}'이 건설되었다. 보봉은 주민보다 자전거의 수가 더 많으며, 도시 내 이동에 친환경 교통수단이 거의 대부분을 차지하고 있다. 모든 건물은 최소한 프라이부르크의 저에너지 기준을

그린시티 호텔 보봉 전면

호텔 파사드의 녹화 넝쿨

호텔 로비의 휴게공간

객실의 모습

충족하고 많은 경우 패시브하우스, 플러스 에너지 하우스, Solar 주거단지 등 더 높은 에너지 기준을 준수하고 있으며 여전히 전 세계에서 방문객을 끌어들이고 있다.

3성급 호텔인 그린시티 호텔 보봉은 보봉 지구의 정체성에 어울리는 호텔이다. 우선 호텔에는 자동차 주차장이 따로 마련되어 있지 않으며 체크인 시 모든 이용객에게 프라이부르크의 대중교통의 종류에 따라 무료로 이용할 수 있거나 할인을 받을 수 있는 쿠폰을 제공한다. 고도의 단열 성능을 가지는 파사드를 덩굴식물이 덮고 있을 뿐만 아니라 호텔의 운영방식 또한 매일 지속가능성과 사회적 책임을 실천하고 있다. 호텔 지붕에 설치된 태양광 시스템은 자체 전기를 생산하며, 난방 에너지는 지역 목재 칩 화력발전소에서 공급됨으로 재생 가능하다. 혁신적인 난방과 냉방 시스템은 벽에 통합된 물 운반 모세관 매트와 함께 작동한다. 열 회수 기능이 있는 환기 시스템은 환기 에너지 손실을 최소화하고 호텔의 기본 에너지 요구 사항은 에너지 절약 조례에서 규정한 것보다 최소 60% 낮다.

그린시티 호텔 보봉은 일상적인 모든 작업에서 자원절약을 중요하게 다룬다. 호텔에서는 가능한 일회용 포장을 피하고 제품의 90% 이상을 이 지역에서 구매하며 그중 대부분은 유기농 제품이다. 환경적 이유로 객실에는 전력 소모가 많은 미니바도 없다. 그럼에도 49개의 객실은 고급스

럽고 현대적인 원목 가구와 천연 소재로 꾸며져 있으며 모두 이 지역 현지에서 제작 및 직접 구매했다. 그 외에도 무장애 기법(Barrier-free)이 적용된 객실이 제공될 뿐 아니라 장애인과 비장애인이 동등하게 고용되어 일한다. 현재 20명의 직원 중 10명은 장애를 가지고 있으며, 장애 종류 및 정도에 따라 추가 교육 및 훈련 지원을 받고 있다.

탄소중립 시청사 'Neues Rathaus Freiburg'

- 위치 : 슈튈링거Stühlinger, 프라이부르크 임 브라이스가우, 독일
- 용도 : 업무(시청사)
- 규모 : 신청사 24,215㎡, 탁아소 1,900㎡
- 건설기간 : 2014년~2017년
- 설계 : 인겐호벤Ingenhoven 건축설계사무소 (뒤셀도르프)
- 특이사항 : DS-Plan 에너지 컨셉, 건축비 약 6천만 유로, 2020년 독일 Solar 상 수상, 2019년 DGNB Climate positive 인증
- 주요키워드 : 넷제로, 패시브하우스, 플러스 에너지, Solar 건축, 지속가능성, Climate Positive

신청사의 전경

업무공간

건물 파사드의 태양광 패널

건물중앙

프라이부르크시는 그동안 여러 장소로 나누어 근무했던 업무공간을 한 곳으로 통합하기 위해 새로운 청사를 건설하기로 했다. 건축적으로 뛰어난 디자인뿐만 아니라 에너지 효율성을 극대화하는 것을 목표로 2013년 공모전을 시행했고 인겐호벤 건축설계사무소의 작품이 선정되었다. 선정된 작품은 세 개의 타원형 사무실 건물과 원형 탁아소 건물로 구성되어있다. 장기적으로는 구시가지 시청에 종사하고 있는 3,000명 이상의 직원 대부분이 서쪽으로 약 2㎞ 떨어진 지역에 지어진 그리고 지어질 신청사로 이전할 계획이다. 첫 단계로 840명의 직원을 수용할 수 있는 첫 번째 사옥동과 탁아소가 건설되었다. 이 두 개의 건물은 약 4년의 공사기간을 거쳐 지난 2017년 11월에 시민들에게 공개되었고 840명의 직원들은 새 건물에서 업무를 개시했다. 신청사는 1년 동안 소비하는 에너지보다 더 많은 에너지를 생산하는 세계 최초의 순 배출량 제로(Net-Zero)의 공공건물이다. 자체 생산된 잉여 에너지는 도시 그리드에 공급된다.

프라이부르크는 항상 기후 보호 측면에서 선구적인 지방자치단체로 간주 되어 왔기 때문에 새로운 시청사를 통해 모범을 보이고자 했다. 새로 건축된 신청사 건물은 순 플러스 에너지 표준(EN DIN 15 251)을 달성한 독일 최초의 공공 건축물이다. 신청사 건물의 외피는 단열 및 기밀성 측면에서 패시브 하우스 기준에 부합하도록 설계되었고 충분한 전기를 생산하기 위해 평지붕의 3/4 면적과 건물 전면 대부분의 파사드에도 태양광 모듈이 덮여있다. 지역의 재생 가능한 원료인 낙엽송 목재 파사드는 약 880개의 태양광 패널이 엇갈려 수직으로 돌출된 모듈(길이 3.5m, 너비 0.7m, 무게 약 100kg, 출력 215.6kWp)과 정면에 통합되었고 태양 전지 사이의 7mm 간격은 뒤에 있는 나무 요소에 높은 수준의 투명도를 생성한다. 평평한 지붕에는 약 10% 경사의 약 500kWp 태양광 시스템이 설치되어있다. 크리스탈 유리 모듈은 실제 건물 외피 앞에서 천정부터 바닥까지 내려오는 요소에 통합되고 정면 평면에서 36도 균일하게 회전한다. 파사드 요소는 바닥 슬래브 수준에서 돌출된 가느다란 알루미늄 콘솔로 지지 된다.

신청사 바로 옆에 건축된 탁아소는 원형 모양과 나무 칸막이로 둘러싸인 주변 발코니로 시청의 기본 디자인 원형은 유지하여 건축되었다. 탁아소 건물은 신청사와 마찬가지로 패시브 하우스 기준을 충족하지만, 자체 전기를 생산하지는 않는다. 건물 내부는 콘크리트와 목재 스터드 벽으로 만들어진 하이브리드 구조를 하고 있다. 건물의 열효율을 고려하여 고도의 단열성능을 가진 조립식 목재

패널 요소로 구성되었다.

신청사는 총 4,000㎡의 태양광 모듈이 건물을 감싸며 설치되어 있으며, 그중 약 60%가 지붕에 설치되어 있다. 대부분이 태양광 모듈이며 지붕 영역 일부에 전기와 온수를 동시에 생성하는 PVT(Photovoltaic－thermal)－Hybrid 모듈이 설치되어 있다. 난방과 냉방은 건물 지하수를 이용

시 사인물과 입면 패널

탁아소건물

프라이부르크 신청사와 탁아소

자연채광과 자연재료를 이용한 외관요소

회전형 태양광 패널

에너지컨셉

하며, 난방을 위해 200kW 출력을 가진 두 개의 열펌프가 연결되었다. 그리고 최대 부하를 대비하여 콘덴싱 가스보일러가 설치되어 있고 난방은 각 사무실에서 개별적으로 조절할 수 있으며 기계적 환기는 매우 효율적인 열 회수 기능을 하고 있다.

참고문헌

- Fraunhofer ISE, 2019, Projekt zieht Bilanz: Freiburger "Rathaus im Stühlinger" Europas grösstes Netto-Nullernergie-Gebäude, Presseinformation
- Heinz, M., Voss, K. 2009, Ziel Null Energie – Erfahrungen am Beispiel der Solarsiedlung Freiburg am Schlierberg, DBZ 1/2009, pp 72~74
- Ingenhoven, 2023, Rathaus Freiburg – Weltweit erstes öffentliches Netto-Plusenergiegebäude
- Solarsiedlung GmbH, 2007, Das Dienstleistungszentrum Sonnenschiff - klimaschonend, ökologisch, wirtschaftlich
- Sperling, C. 1999, Nachhaltige Stadtentwicklung beginnt im Quartier
- Stadt Freiburg im Breigau, 2017, Pressmitteilung Rathaus im Stühlinger wird nach drei Jahren Bauzeit für die Bürgerschaft eröffnet
- Stadt Freiburg im Breigau, 2017, Weichen stellen für die klimaneutrale Kommune
- Stadtplanungsamt der Stadt Freiburg im Breisgau, 2012, Konsequenzen der raeumlichen Verwaltungskonzentration fuer Freiburg im Breisgau – Stadtentwicklungsstudie zur Verwaltungskonzentration – Innenstadt und Stuehlingerhttps://www.dbz.de
- https://green-city-hotel-vauban.de/de
- https://www.abmp-architektur.de
- https://www.freiburg.de
- https://www.lilligreen.de

GERMANY

Esslingen am Neckar

#Power-to-Gas-to-Power(P2G2P) #기후중립 지구 #그린수소
#전기분해 #태양광 #에너지 효율화 #탄소배출 1톤
#섹터커플링 #수소차 충전소 #열(냉)병합발전 #수소 열병합발전
#바이오가스 콘덴싱 보일러 #흡착식 냉동 시스템 #R&D
#등대 프로젝트 #에너지 센터

PART 05

Agri-PV(Agri-photovoltaics), Germany

농업과 태양광이 만나 시너지를 이루는 'Agri-PV'

• 위치 : 겔스도르프^{Gelsdorf} 및 아센^{Aasen}, 독일

식량을 생산하는 것과 에너지를 생산하는 것의 공통점은 많은 공간이 필요하다는 것이다. 태양광 에너지 생산량을 늘리기 위해서는 하늘이 열린 새로운 공간이 필요하다. 도시 지역의 경우, 많은 비중의 면적이 건물로 채워져 있기 때문에 건물의 지붕이나 옥상을 활용하여 새로운 공간을 확보할 수 있다. 그러나 농촌 및 도농 통합도시 등의

태양광 모듈
하부 시설

경우, 초원이나 들판, 농작물이 심어진 공간이 많은 비중을 차지하고 있으므로 도시지역과는 다른 접근이 필요하다. 최근, 이러한 문제를 해결할 수 있는 혁신적인 솔루션이 전 세계적으로 각광을 받고 있다. 그 솔루션 중 하나인 'Agri-PV(Agri-PhotoVoltaics)'는 지금까지 우리가 단일용도로 사용해온 토지나 건물을 복합화하여 사용함으로 자원의 이용 효율을 극대화하는 것이다. 이 원리는 독창적

이면서도 간단하다. 특별히 설계된 태양광 발전 시스템을 통해 일정 면적을 2중 사용 즉, '전기 생산' 영역과 '농작물 생산'을 위한 영역으로 사용할 수 있게 하는 것이다.

Agri-PV(Agri-PhotoVoltaics)는 '농업(Agriculture)'과 '태양광(Photo-Voltaics)'이 결합 된 용어로, 태양광 발전과 농업을 결합하여 농작물과 재생 에너지를 동시에 생산하는 기

겔스도르프 Agri-PV 측면 전경

술이다. 이는 1981년, 독일연방 연구기관인 프라운호퍼 태양 에너지 연구소Fraunhofer Institute for Solar Energy Systems(ISE)에서 물리학자 아돌프 괴츠베르거Adolf Goetzberger 교수가 농지에서 감자 생산과 태양광 에너지 생산을 동시에 달성하며 개발되었고 이후 이 기술은 일본, 중국, 프랑스, 미국 그리고 한국 등 전 세계로 널리 확대되고 있다.

'Agriphotovoltaics', 'Dual use farming' 등으로 불리우는 이 기술은 농작물 위에 높은 PV 시스템을 설치하는 '공동 배치' 설비가 갖추어지면 이중 용도 농업을 시작한다. 이 시스템에서 태양광 설비는 자연으로부터 무료로 에너지를 생산하는 동시에 시설물 아래에 재배하는 농작물에 최적의 햇빛과 그늘을 제공하며 열 스트레스를 줄이고 수분 손실을 방지한다. 건강한 작물의 성장을 위해 태양의 일조는 매우 중요하지만, 작물의 종류와 특성에 따라 광량을 적절하게 조절·관리해 주는 것 또한 작물의 질적 향상과 생산성에 증진에 매우 중요하다. 각각의 작물은 개별적 빛 보정 지점과 음영 허용 오차가 다르기 때문에 각 작물에 적절한 양의 그늘 또는 빛을 제공하는 것은 작물의 성장과 품질에 상당한 영향을 미칠 수 있다. 기후변화와 이상기후로 인한 농작물 피해의 빈도와 정도가 매년 심각해지고 있다. 농작물 위에 설치된 태양광 모듈은 우박, 바람, 폭우 및 강력한 직사광선의 영향을 줄일 수 있

다. 또한, 상부의 태양광 시설로 만들어지는 지면의 부분적인 음영은 수분 증발을 막고 농지의 관개 요구사항을 줄여 많은 농업 지역이 겪고 있는 강수량 감소 및 심각한 물 부족의 문제를 일부 해결할 수 있다. 전 세계의 다양한 Agri-PV 대상지에서 수행된 여러 연구 결과에서 특정 종류의 작물, 특히 고추류 작물의 경우 기존 대비 150% 정도, 토마토류의 경우 90% 정도 작물 생산량이 증가 되는 등 탁월한 수확량 향상을 확인할 수 있었다. 세계적으로 이용 가능한 경작지는 기후변화와 환경파괴로 인해 위협받고 있다. Agri-PV는 농지의 가치를 높일 수 있으며 동시에 기후변화에 대응한 탄소중립 실현을 위한 솔루션으로도 기여할 수 있다.

Agri-PV는 앞서 소개한 것처럼 농작물 위에 설치하는 유형 이외에도 가축이 태양광 패널 아래 또는 사이에서 편안하게 풀을 뜯을 수 있도록 설치한 유형도 개발되었고 이는 풀 깎기 등의 비용을 절감할 수도 있다. 농부들은 그들의 농지에 설치된 PV로 만들어진 전기를 다시 농장 운영에 사용할 수 있기 때문에 점차 가격이 높아지는 그리드 전기에 대한 의존도를 낮출 수 있다. 프라운호퍼 태양 에너지 연구소는 2021년 독일의 Agri-PV에서 연간 200만 가구에 전력을 공급할 수 있는 14GW의 전력이 생산되었다

고 보고했다. 지역에 따라 농부들은 PV 시스템에서 생산된 전기의 잉여분을 지역 유틸리티에 재판매하여 추가 수입을 얻을 수 있다. 이는 향후 탄소중립 정책에도 혜택을 기대할 수 있다. 유럽 전체 경작지 면적의 1% 면적에 Agri-PV가 설치되면 전기 생산용량이 700GW가 넘을 것으로 예측된다. 독일은 2023년 재생에너지법에 의거하여 모든 경작지, 영구 농작물이 있는 지역 및 황무지, 자연

보호 구역을 제외한 초원에 Agri-PV 설치에 대한 지원금을 받을 수 있다. 또한, 독일 식량 및 농업부는 연간 ha 당 20~50ton의 CO_2 를 흡수할 수 있는 늪지(Moor, Paluiculture)에 PV(Moor-PV) 설치 지원금도 제공하고 있다. 독일은 현재 80개 프로젝트에 709MW 용량이, 네덜란드에는 40개 프로젝트에 538MW 용량의 Agri-PV가 설치되었다.

겔스도르프 Agri-PV 상부

수직형 양면 태양광 시스템 Gelsdorf Agri-PV

- 최대 출력 : 300kWp
- 2021년 5월 완공

프라운호퍼 연구시설 안내판

2021년 5월, 독일 중부 라인란트-팔츠$^{Rheinland-Pfalz}$주 겔스도르프의 나흐트바이^{Nachtwey} 유기농 과일 농장에 Agri-PV 프로젝트가 조성되었다. 프라운호퍼 태양 에너지 연구소와 재생에너지 및 지속 가능한 솔루션 기업 베이바$^{BayWa\ r.e.}$는 Agri-PV 시스템 디자인 개발과 구현, 건설관리를 담당했다.

이 프로젝트의 목표는 과일 재배 과정에서의 기후회복력을 높이고 동시에 태양광 에너지를 생산하는 것이었다. 농작물의 품종에 따른 최적화된 모듈 개발을 위해 이 프로젝트에서는 8가지 사과 품종을 대상으로 서로 다른 모

모듈 아래에서 자라고있는 사과

듈 설계를 적용한 테스트가 진행되고 있고, 프로젝트 파트너는 5년 동안 데이터를 생성하고 평가하게 된다. 테스트는 Agri-PV 시스템이 우박, 폭우, 일광 화상, 서리 또는 극한 온도로부터 농작물을 보호할 수 있을 정도의 솔루션을 제공할 수 있게 하기 위해 진행되고 있고, 농작물 성장과 수확량에 대한 다양한 빛의 입사 효과 또한 모니터링되고 있다.

모듈 아래의 농작물

사과 경작 및 판매자

사과판매장과 겔스도르프 지역안내판

경작된 다양한 품종의 사과

Agri-PV 농작물 생산의 바람직한 결과는 수확량을 극대화하는 것보다는 농작물 경작 시, 추가 태양광 발전 생산을 동반하여 안정적인 환경에서 양질의 농작물을 생산하는 것이라 할 수 있다. 대상지에서 생산된 태양광 전기는 다른 무엇보다도 현장의 전기 트랙터, 사과 수확물 보관 냉장창고, 디젤 발전기를 대체하는 관개 시스템의 전기 펌프를 우선적으로 작동시킨다. Agri-PV 시스템에서는 태양광 시스템과 동반하여 '운영 중심'의 에너지 개념이 정교하게 설계되어야 하고 이를 통해 CO_2 배출량이 크게 감소되어야 한다.

양면 태양광 모듈 Aasen Solarpark

- 규모 : 4.1MW
- 2020년 6월 완공
- 양면형 태양광 모듈, 수직 태양광 모듈

독일 남부 도나우에싱엔Donaueschingen 시의 아센 태양광 공원Aasen Solarpark의 Agri-PV는 모듈 설치로 인한 토지 사용을 최소화하기 위해 '양면 태양광 모듈'을 수직형으로 설치해 조성하였다. 이 시스템은 독일 Next2Sun 회사가 개발한 수직 양면형 Agri-PV 시스템을 갖춘 독일 최초의 상업용 Agri-PV 사례이며, 유럽 최대 규모의 시스템이다. 이 시설은 14㏊의 면적에 5,800개의 프레임 요소와 약 11,000개의 양면 태양광 모듈이 설치되어 있다. 시스템의 최대 출력은 4.1MW이고 연간 에너지 생산량은 4,850MWh 이며 이는 약 1,200가구의 수요(건기)를 충당할 수 있는 양 이다. 턴키 건설 및 시 운전 이후의 플랜트 운영자는 시민 태양광 발전소 도나우에싱엔-아센 회사Bürgersolarkraftwerke Donaueschingen Aasen GmbH이며, 이 시스템은 독일 베를린의 태

양에너지 회사인 솔베르데 시민 발전소 에너지 협동조합 Solverde Bürgerkraftwerke Energiegenossenschaft eG에서 자금을 지원 받았다.

Aasen Solarpark는 양면형 모듈이 10m 행 간격으로 배치되어 모듈 사이에는 건초, 밀 등의 재배가 이루어지 고 있다. 양면형 모듈 사이를 10m로 설계하는 경우 최대

아센 Solarpark 전경

90%의 면적을 경작이나 목축 등의 목적으로 활용할 수 있다. 이 사례에 설치된 수직형 양면 패널은 양쪽에서 햇빛을 흡수하여 전기로 변환할 수 있다. 주로 동쪽과 서쪽으로 정렬하게 되고 이러한 경우 특히 아침과 오후 시간에 많은 전기를 생산할 수 있다. 남측을 향해 누워진 형태로 열려 진 대부분의 태양광 시스템이 정오 무렵 생산이 집중되는 것과는 다르게 이 시스템의 경우 그 시간대의 생산은 적지만 오전 오후 시간의 균등한 에너지 확보가 가능해 안정적인 에너지 공급을 보장하는 데 도움이 된다. 양면 태양광 모듈 시스템은 약 2.5㎜ 두께의 유리판 2장 사이에 태양전지를 삽입하여 활성면이 1면인 기존 표준의 태양광 모듈보다 수율 면에서 월등한 샌드위치 디자인으

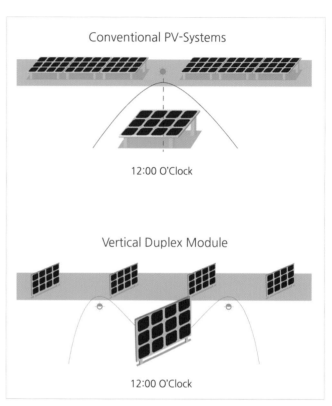

아센 Solarpark 개요판

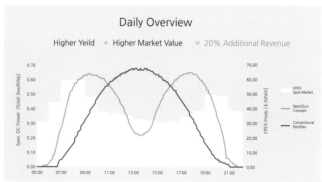

기존 태양광 시스템과 수직 양면형 태양광 시스템의 차이

아센 Solarpark 패널 간 간격

측면

녹지위에 조성된 Agri-PV

도로측에서 본 대상지 측면

로 안정적인 모듈을 형성하고 있고, 이는 독일 재생에너
지법의 혁신 입찰의 보조금을 통해 더 많이 개발되고 확
대될 것으로 예상된다. 아직 경작 가능한 농업 사용에 관
한 유의미한 실제 데이터의 양은 부족하지만, 시스템의
구조와 효율의 기초 데이터에 기반하여 양면형 태양광 모
듈은 Agri-PV를 위한 가장 큰 잠재력을 제공할 것으로
예측된다.

참고문헌

- Agronomie, T. et al., 2022, Machtbarkeitsstudie Agri-Photo-viltaik in der Schweizer Landwirtschaft
- BayWa r.e. 2022, Agrivoltaics 2022
- Fraunhofer ISE, 2021, First agrivolatic system for carbon-neutral orcharding being tested, Press Release
- Fraunhofer ISE, 2021, Integrated Photovoltaics: Dual Use of Land with Agrivoltaics
- Fraunhofer ISE, 2022, Agrivoltaics: Opportunities for Agriculture and the Energy Transition
- Next2Sun, 2022, Agrivoltaics 2022
- Stadt Doaueschingen, 2021, Ortteil Aasen Bebauungsplan „Solarpark Aasen"
- Wydra, K. et al. 2022, Potential der Agri-Photovoltaik in Thüringen
- https://www.baywa-re.de
- https://www.pv-magazine.de

#dual use farming #토지이용 효율화 #전기생산과 식량생산
#태양광 발전 시스템 #주민참여 #탄소저장 #순환경제 #R&D

PART 06

Neue Weststadt, Esslingen am Neckar, Germany

그린수소로 탄소중립을 실현하는 에슬링엔의 새로운 서쪽 도시

- 위치 : 에슬링엔^{Esslingen} 암 네카르^{am Neckar}, 독일
- 면적 : 12㏊
- 사업기간 : 2017년~2025년(완공목표)

에슬링엔의 서쪽 과거 독일 철도회사 Deutsche Bahn AG의 물품 야적장이었던 화물역 부지에 '노이에 베스트슈타트Neue Weststadt(새로운 서쪽 도시)'가 건설되고 있다. 이곳은 600개 이상의 아파트, 업무시설 및 상업시설, 녹지, 에슬링엔 대학의 신축 건물이 건설되고 있다. 무엇보다도 이 사례가 독일을 비롯한 전 세계의 주목을 받는 이유는 이 지구가 야심차게 선언한 에너지 기준 때문이다. 2019년 기준, 독일의 1인당 연간 CO_2 배출량은 7.9ton이며 독일에서 탄소중립을 달성하기 위해서는 1인당 연간 CO_2 배출량을 1ton까지 낮추어야 한다. 이러한 상황에서 이곳 노이에 베스트슈타트는 1인당 연간 CO_2 배출량이 1ton 미만인 탄소중립도시의 실현을 목표로 하고 있다. 또한, 독일 연방정부가 2045년까지 달성하고자 하는 기후 중립 및 에너지 정책을 위한 모범적인 솔루션이 구현되어 실험되고 있다.

왜 1ton인가?

· 2019년 기준, 독일의 1인당 CO_2 배출량은 연간 7.9ton이다
· 1ton의 CO_2를 흡수하려면 너도밤나무가 약 80년 동안 자라야 하고, 1ton의 CO_2는 석유 400ℓ 또는 2.5배럴에 해당한다
· 1ton의 CO_2는 100km당 8.5ℓ의 휘발유를 소비하는 자동차로 4,900km가 넘는 거리를 여행하는 것과 같고 이는 서울에서 부산을 약 6번 왕복하는 거리이다
· 2050년까지 독일이 국가 온실가스 배출량을 95% 줄여 온실가스 중립을 달성하기 위해서는 1인당 연간 1ton 배출을 달성해야 한다. 이 숫자는 에너지, 운송, 소비 및 식량의 삶의 전 영역을 다루는 것이다

과거 대상지 모습

노이에 베스트슈타트에 거주하는 사람들은 에너지 전환의 실제적 실험실에서 생활하게 된다. 이 프로젝트는 시와 12개 파트너가 긴밀하게 협력하고 연방정부 경제·에너지부와 교육·연구2 부처의 자금을 지원받아 추진되고 있으며 전기 및 난방, 냉방, 운송이 네트워크로 연결된 새로운 지구를 위한 개념이 개발되어 적용되었다. 약 12ha 규모의 이 사례는 에슬링엔 시에서 가장 중요한 도시개발 프로젝트로 다루어지고 있고, 연방 경제부

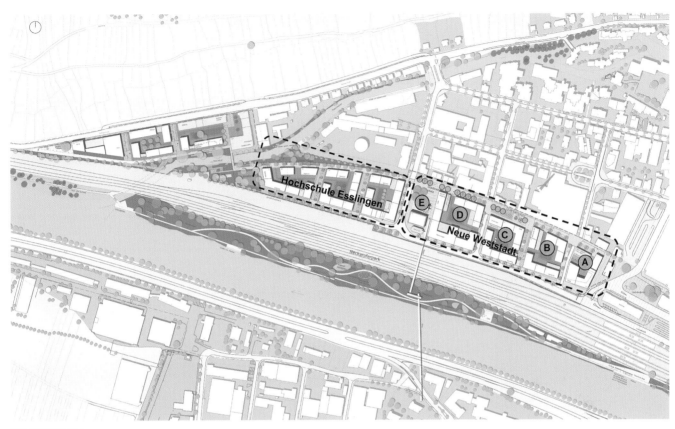

단지 배치 및 구성도

단지 안내센터

담당전문가의 사례 브리핑

Bela 블록 모습

와 DGNB(Deutsche Gesellschaft für Nachhaltiges Bauen, German Sustainable Building Council)로부터 혁신상과 금상을 받았다.

노이에 베스트슈타트의 건물 블록들은 대상지의 특성을 반영하여 여러 기차의 이름을 빌려 블록의 이름을 붙였다. 블록 B(Bela)는 노이에 베스트슈타트 중앙에 위치한 주거 및 상업 지구인 Lok. West에서 두 번째로

Bela 블록 안내판

큰 주거 및 상업 건물이다. 뮌헨에서 부다페스트까지 운행하는 기차(Bartók-Béla-Express) 이름을 따서 Bela라는 이름이 지어졌다. 이곳은 약 5,600㎡ 부지에 9개의 상업시설, 132개의 주거 시설(21~150㎡)이 건설되었다. 이곳에는 방이 1개인 집, 2개, 3개, 4개인 집의 타입이 모두 포함되어 있고 싱글, 커플, 가족 등의 수요자가 이 건물에서 함께 어울려 살 수 있다. 건물에는 248kWp의 태양광 설비와 바이오가스 열병합발전, 바이오가스 콘덴싱 보일러로 에

너지가 공급되고 2021년 이곳은 지속가능한 건물에 대한 DGNB 골드 인증을 받았다. 블록 C는 제조업체 Alstom이 알루미늄으로 만든 특히 현대적인 유형의 전차인 기차의 이름에서 따와 Citadis라는 이름을 붙였다. 이 블록의 북쪽에는 공공공간을 활성화하기 위한 근린 광장이 조성되어 있고 'ㄱ' 자, 'ㄴ' 자로 만들어진 2개의 건물 사이로 놀이 공간과 낙엽수가 있는 녹색 안뜰이 갖추어져 있으며 6개의 무장애 엘리베이터가 최신 기준에 따라 지하 주차장을 포함한 모든 층을 연결하고 있다. 상업 및 주거(128세대, 36~136㎡)로 구성된 이 건물은 태양광 180kWp, 바이오가스 열병합발전, 바이오가스 콘덴싱 보일러로 에너지를 공급받는다. 블록 D는 블록 B, 블록 C에 이어 세 번째로 건설되었는데 지멘스의 철도 차량 제품군의 이름을 따와 Desiro라고 이름 붙여졌다. 이 블록은 4~6층 규모의 L자형 건물 2개 동으로 구성되어 있는데 서로 다른 높이는 이미 구현된 이웃 건물의 개발 조건들을 침해하지 않는 범위에서 서로 조율하며 결정되었다. 34~160㎡ 규모의 10개 상업 유닛과 167개의 주거용 유닛(방 1~6개)이 건설된 이곳은 1층에 크고 작은 상점, 카페, 레스토랑, 서비스 업체 등이 위치하고 유치원이 통합되어 포함되어 있다. 건물은 태양광 329kWp, 수소열병합, 바이오가스 콘덴싱 보일러, 전기분해를 통해 에너지를 공급받는다. 블록

Bela 블록 건물 옥상의 태양광 설비

Citadis 블록

E(Crystal Rock)는 RVI가 네덜란드 로테르담의 세계적인 건축사무소 MVRDV와 협력하여 실현하고 있는 14층 규모의 새로운 랜드마크이다. 지속가능성 목표에 따라 이 건물의 구조는 상당한 양의 목재로 구성되고 정면에는 PV가 설치될 예정이다. 랜드마크 기능을 실행하기 위해 건

Desiro 블록

물의 유리 파사드에는 Google 지도에서 가져온 에슬링엔 지역의 고해상도 위성 이미지를 각인 시킬 예정이다. 이 건물은 전해조를 통해 녹색수소가 생산되는 연구 프로젝트 'Klimaquartier Neue Weststadt(새로운 서쪽 도시의 기후지구)'의 에너지 센터와 연결되어 있다. 태양광과 수소 열병합, 바이오가스 콘덴싱 보일러, 전기분해, 흡착식 냉동 시스템을 통해 재생에너지 공급과 사용이 이루어질 것이고 이 건물은 2024년 착공을 예정하고 있다. 블록 F, G, H는 Flandernstraße에 위치했던 에슬링엔 응용과학대학교의 새로운 캠퍼스 부지로 에슬링엔 기차역에서 도보 거리 내에 있다. 이 블록에 대학교의 강의실, 세미나실, 사무실, 매점, 강당, 중앙 중앙도서관, 컴퓨터 센터 등이 위

Desiro 블록의 중정(놀이공간, 산책로, 휴게공간 등)

건물 옥상 태양광패널

전기자동차 충전시설

Desiro 건물과 대학교 공사현장

치할 예정이며 이곳에서는 교사 훈련 및 교수법 강의 등의 주 세미나 등도 이루어질 예정이다. 이 블록도 블록 D, E와 마찬가지로 태양광, 수소 열병합, 바이오가스 콘덴싱 보일러, 전기분해 등을 통해 에너지가 공급될 예정이다. 현재 공사 중에 있는 이곳은 2025년 겨울학기까지 완공을 목표로 하고 있다.

노이에 베스트슈타트의 에너지 개념은 전기 및 난방, 냉방, 운송 부분을 혁신적으로 결합하는 것이다. 빌딩 블록은 건물 외피의 단열성능을 높여 에너지와 비용의 효율성을 높일 수 있도록 세심하게 계획되어 건설되고 있다. 블록 단위에서 가능한 에너지 자립이 이루어질 수 있는 방향으로 재생에너지가 이용된다. 지구의 에너지 공급 시스템은 포괄적 디지털 정보 네트워크와 스마트그리드를 통해 유기적으로 연결된다.

노이에 베스트슈타트가 추구하는 탄소중립 솔루션의 핵심 내용은 에너지 전환을 위해 사용되는 '수소'이다. 수소를 통해 지구에서 생산되는 잉여 재생에너지를 다른 부문에 사용할 수 있기 때문이다. 이곳에는 재생에너지로 생산한 전기를 수소로 변환시키는 '전해조(1MW el)'가 있다. 이 시설은 도시 계획적 요구사항과 관련하여 에너지

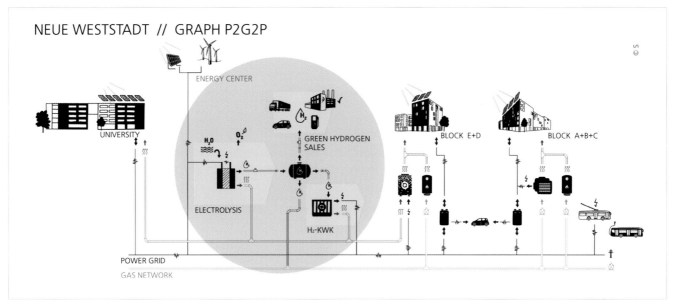

NEUE WESTSTADT // GRAPH P2G2P

에너지 개념도

공급 인프라의 구축과 통합을 촉진하기 위해 지구 중심부의 중앙 에너지 센터 내 지하 구조에 위치한다. 전체 사용 시간이 약 4,500시간이고 시스템에 적합한 작동 모드를 갖춘 전해조는 연간 약 2,800MWh의 수소를 생산한다. 태양광, 풍력 등의 재생 가능한 에너지로 생산된 전기의 잉여분은 이곳에서 '전기분해'에 이용되고 전기분해를 통해 생산된 '수소'는 수소 자체로 이용되거나 '수소 열병합발전'을 통해 열과 전기를 생산한다. 수소와 전기, 열은 지구 에너지 그리드에 연결되어 통합적으로 사용되고 에너지 전환 과정 중에 발생 되는 폐열(약 600MWh/a) 또한 – 다른 프로젝트에서는 버려지나 – 이곳에서는 지역난방 네트워크를 통해 다시 블록 E(상업)와 D(주거/Desiro), 대학 건물에 공급된다. 이러한 폐열 재이용 시스템을 통해 에너지 효율을 55~60%에서 80~85%로 높일 수 있었다. 미래 재생에너지 시스템 중에서 중요한 요소로 간주 되고 있는 전해조는 이곳 노이에 베스트슈타트에서 생산된 잉여 재생전기를 수소생산에 사용하고 있고, 독일 도심 지역에서 처음으로 적용된 이러한 접근방식은 전기분해의 효율성을 크게 향상 시킨다. 지구에서 생산되는 녹색수소는 연간 85ton 규모이고 지구 내 스테이션을 통해 자동차 및 트럭, 산업 시설에서 직접 이용되거나 기존 가스 네트워크에 통합되어 공급된다. 노이에 베스트슈타트에서 연간 생산되는 수소 85ton은 독일 3인 가구 기준 726가구의 연간 전력 사용량과 같고 기름 283,305ℓ와 같은 에너지 성능을 가지며 이는 자동차로 지구를 212배 일주할 수 있는 에너지이다(1kg의 수소로 자동차는 약 100km를 주행할 수 있음). 연중 내내 충분한 열 공급을 위해 에너지 센터에는 열펌프(200kWth), 열병합 발전 장치(천연가스 300kWth, H₂ 138kWth) 및 가스 피크 부하 보일러가 추가로 장착되고 있다.

노이에 베스트슈타트에서 생산된 수소는 약 9ton 무게의 튼튼한 탱크에 저장된다. 길이 9.8m, 지름 2.1m, 1.2cm 두께의 스테인리스 스틸 벽 규모의 탱크에는 30kg의 수소가 저장될 수 있다. 저장 용량만 생각하면 비교적 적게 느껴질 수 있지만 에너지 밀도가 가장 높은 수소의 특성을 고려하면 탱크에 저장되는 총 에너지 저장량은 발열량 1,000kWh로 매우 높다. 탱크와 연결된 열병합 발전 시설은 가득 찬 탱크로 2시간 이상 가동할 수 있고 이것은 아파트 블록에 있는 167개의 주거에 에너지를 공급할 수 있는 양이다.

수소탱크 상부 모니터링 시설

수소탱크

수소전환을 위한 에너지설비

수소(H₂)는 탄소배출이 없는 청정 연료로, 탄소중립도시에서 사용할 수 있는 에너지원 중 하나이다. 수소는 물을 전기분해하여 얻을 수 있으며 이 과정에서 사용된 전기 에너지가 재생 가능한 에너지원(태양광, 풍력 등)에서 생산될 때 이를 "녹색 수소"라 한다. 발전된 전기 에너지를 수소로 전환한 뒤 수요에 따라 다시 전기로 변환하여 사용할 수 있기 때문에 수소는 에너지 저장 매체로서 기능할 수 있고 미래 재생에너지의 운반체(가장 높은 에너지 밀도 33.33kWh/kg)로서의 가능성이 매우 크다고 할 수 있다. 탄소중립 사회에서의 수소는, 전기 자동차의 구동력을 생성하고 고정식 연료전지를 통해 난방을 위한 전기 및 열을 생산한다. 천연가스와 혼합된 형태 및 수소 단독으로 가스 히터의 연료로 사용될 수 있고 많은 산업 공정에서 에너지 운반체로 활용할 수 있다. 또한, 녹색 전기와 다르게 수소는 손실이 거의 없고 오랫동안 저장할 수 있어 그 활용도가 매우 크다. 예를 들어, 여름철 태양광을 통해 생산한 전기를 수소로 전환하여 보관한 뒤 겨울철에 사용할 수도 있다. 이런 이유로 탄소중립 도시에서 수소는 중요한 범용 에너지원으로 인식되며, 탄소 배출 감소와 환경적 지속가능성에 기여하는 매우 귀중한 요소라 할 수 있다.

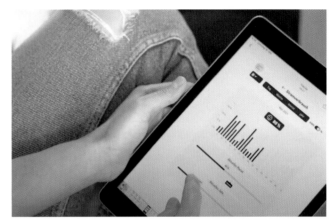

모바일 모니터링 시스템

대상지 지하에 설치된 에너지 시설

노이에 베스트슈타트 건물 지붕에 설치된 PV(Photovoltaic) 시스템은 주거와 상업 건물에 1,250kWp, 주차타워 250kWp, 대학 건물에 1,000kWp 등 총 2,500kWp 규모로 설치되고 노이에 베스트슈타트 전체의 전기 수요량(4,550Mwh/a)의 약 50%를 해결할 수 있을 것으로 예상된다. 전기의 부족분

수소자동차

은 지역 재생 에너지발전에서 추가로 구매하거나 건물에 전기와 열이 동시에 필요한 경우, 중앙 에너지 센터의 수소 저장고(H_2 탱크)에 저장된 수소를 하이브리드 열병합발전소(H_2 및 천연가스)에서 빠르고 쉽게 변환시켜 사용할 수 있다. 전기를 가스로, 다시 가스를 전기로 변환시키는 'Power-to-Gas-to-Power(P2G2P)' 시스템이 효율적으로 운영되는 것이다.

섹터 커플링(Sector Coupling)은, 주로 전력, 산업, 교통, 건물 등 다양한 섹터들 간의 상호작용과 연계를 강조하는 개념이다. 예를 들면, 전력 섹터의 발전소가 생산한 잉여 전력을 산업 섹터에서 사용하거나, 태양광 발전을 통해 생산된 전기를 건물 섹터에서 사용하는 등이 섹터 커플링의 예시이다. 이러한 상호 연결과 협력은 전체적으로 더 효율적이고 지속 가능한 에너지 시스템을 구축하는 것에 기여할 수 있다.

탄소중립 도시에서 섹터 커플링은 탄소 저감에 매우 긍정적인 영향을 미친다. 발전소에서 생산되는 잉여 전력을 다른 섹터로 보내 유용하게 사용하거나 저장할 수 있도록 하는 등 재생에너지의 효율적 사용을 증가시킨다. 또한, 산업과 전력 섹터를 연결하여 산업 공정에서 발생하는 폐열을 활용하여 전기를 생산하는 등의 에너지 효율을 높일 수 있다. 섹터 커플링을 통해 전력 수요를 유연하게 조절할 수 있는데 전력 수요가 낮은 때에는 전력을 저장하거나 낮은 탄소 배출량을 갖는 섹터로 전력으로 공급함으로써 전체적인 탄소 배출량을 감소시킬 수도 있다.

열, 전기, 운송 및 산업 부문의 효율적이고 에너지 친화적인 연결은 물리적 네트워킹 즉, '섹터 커플링(sector coupling)'을 통해 이루어진다. 여러 이유로 에너지 센터가 완공되기 이전에 이미 입주가 완료된 블록 B(Bela)와 C(Citadis)는 지붕의 태양광 전력과 자체 열병합발전, 가스보일러로 에너지가 공급되고 있고, 블록 D(Desiro)와 E, 대학 건물은 지붕의 태양광 발전에 더하여 전기분해 및 열펌프에서 열을 공급받는 별도의 지역난방 네트워크를 통해 에너지 센터에서 에너지를 공급받을 수 있다. 건물 또는 지역 전기 네트워크에서 자체 생산량과 지구 내 에너지 요구량 간의 단기 편차가 발생할 경우 중앙 전기 저장장치가 이를 보상하게 된다. 예를 들어, 건물이나 지구의 재생 가능한 에너지의 자체 생산량이 부족할 경우, 국가나 시의 재생 가능한 에너지원을 구매하게 되는 것이다. 필요한 경우, 이것은 전력망 안정화를 위해 사용되기도 하는데 배터리 저장소를 사용하여 전기 자동차에 필요한 충전 전력을 언제든지 제공할 수 있도록 하는 것이 그 예이다.

운송 영역은 지속 가능한 도시 개발에 매우 중요하다. 에슬링엔의 전기 하이브리드 버스는 이곳에서 생산된 전기를 이미 사용하고 있다. 이를 위해 에슬링엔에는 전기

버스 운영을 위한 전기선 네트워크가 이미 마련되어 있고 장기적 목표는 이 시스템을 통해 도시 지역 전반의 버스 수요를 거의 완벽하게 감당하는 것이다. 버스노선 네트워크의 거의 완전한 전기화라는 장기 목표를 달성하기 위해서 아직 운영 중인 디젤 버스는 가까운 미래에 전기 하이브리드 버스로 대체될 예정이다. 비용 및 기타 문제로 전기선을 모든 지역에 확장할 수 없기 때문에 전기선 없이도 필요한 구간을 연결할 수 있는 배터리가 장착된 전기 버스가 필요하다. 노이에 베스트슈타트에서 생산된 재생

가능한 에너지의 잉여 전기는 대중교통의 직류 가공선 네트워크에 거의 손실 없이 직접 공급되며 전기 네트워크를

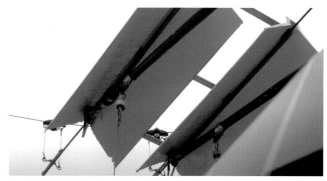

전기버스 충전시설

전기버스

안정화하기 위해 버스의 트랙션 배터리를 일시적으로 양방향으로 사용하기 위한 연구조사가 필요하다. 전기 버스의 트랙션 배터리가 양방향으로 사용될 경우 전력 수급 상황에 따라 전기 버스는 전력을 수급 받을 수도, 수급할 수도 있는 주체로 역할 할 수 있고, 방전 주기를 조절함으로써 전기 버스 배터리의 수명 또한 연장할 수 있으며, 전기 버스가 복수의 차량에 동시에 전기를 공급할 수 있게 되면 전기 차량 충전 인프라의 효율적이고 경제적인 이용이 가능해져 순차 충전이 아닌 동시 충전을 달성해 빠른 충전도 가능해진다. 전기 버스의 수명이 다한 배터리는 지속 가능한 사용을 위해 2차 재사용을 위해 처리된다.

미래에는 수소 충전소가 개인 및 업무 차량, 버스, 트럭 등 모든 유형의 연료 전지 차량에 공급될 것이다. 그리고 배터리에 저장된 전기는 건물 또는 전기 충전소에서 발전량과 소비의 단기적 균형을 맞추는 데 사용될 것이다. 또한, 천연가스 네트워크로의 공급 스테이션과 수소 충전소는 지구 외부(산업 등)에서 수소를 사용할 수 있도록 할 예정이다.

지속 가능한 혁신적 에너지 개념과 지구 단위에서의 그린 수소 생산 덕분에 노이에 베스트슈타트는 등대 프로젝트로서 독일 및 전 세계적인 명성을 누리고 있다. 이처럼 탄소중립도시의 실현을 위해서는 지역이 가진 인프라와 통합된 새로운 에너지 컨셉의 개발이 매우 중요하다. 지역의 특성과 여건에 적합한 재생에너지 아이템을 도입하고 에너지 효율을 극대화하기 위해 수소 전환, 폐열 재이용, 섹터 커플링 등의 방법을 찾고 적용함으로 야심찬 에너지 기준을 달성하였으며, 인근 지역 및 전체 도시의 그리드와 상호보완적 관계를 구축한 이 사례는 미래 도시가 나아갈 방향을 제시해주고 있다.

참고문헌

- Berliner Institut für Sozialforschung GmbH, 2022, Lebenswertes Klimaquartier?! – Ergebnisse der Umfrage für Bewohner:innen
- Felix Mazer, 2021, Klimaneutrale Quartiersversorgung mit PV und Wasserstoff: Neue Weststadt Esslingen
- Katja Walther(Hr.), 2021, Klimaneutrales Stadtquartier – Leuchturmprojekt Solare Bauen/ Energieerffiziente Stadt in Esslingen am Neckar
- Norbert Fisch, 2019, Klimaneutrale Stadtquartiere – Urbanen Lebensraum gestalten
- Stadt Esslingen am Neckar, 2011, Städtebaulicher Realisierungswettbewerb Neue Weststadt Esslingen - Dokumentation
- Stadt Esslingen am Neckar, 2012, Neue Weststadt Esslingen Rahmenplan
- Stadt Esslingen am Neckar, 2018, Sanierungsbebiet Weststadt – Abslussbrschürehttps://rundum-sorglos-immo.de
- https://blumberg-agentur.de
- https://www.energiewendebauen.de
- https://www.esslingen.de
- https://www.esslinger-zeitung.de
- https://www.hs-esslingen.de

GERMANY

Heidelberg

#패시브하우스 표준 #탄소 중립 목재발전소 #패시브하우스 극장
#도시재생, 세계 최대규모 패시브 단지 #100% 재생가능 에너지
#가족, 어린이 친화 도시 #지능형 전기계량기 #지속 가능성

PART 07

Heidelberg Bahnstadt, Heidelberg, Germany

세계 최초의 탄소중립 패시브 공동주택 지구

- 위치 : 하이델베르그^{Heidelberg}, 독일
- 면적 : 116ha
- 규모 : 3,700세대(6,800명) 수용, 6,000개 일자리
- 사업기간 : 2008년∼2023년 현재 건설 중
- 특이사항 : 패시브 하우스 어워즈 수상(2014), UN Global Green City 어워즈 수상(2015)

1970년까지 화물열차가 오가던 이곳은 1997년, 독일 철도회사 도이체 반Deutsche Bahn AG이 화물역의 기능을 포기하고 자회사인 아루레리스Aurelis GmbH가 관리를 시작했고 일부는 군사 목적으로 사용되었다. 2001년, 하이델베르그시와 독일 철도회사는 하이델베르그 중앙역 남서쪽의 이전 화물철도 지역을 유럽을 대표하는 도시모델로 건설하기 위해 복합용도 지구 전환 국제 도시개발 공모전을 진행했다. 당선작은 2003년 시의회의 승인을 받아 도시 기본계획으로 채택되었고, 이를 바탕으로 열린 공간, 교통, 에너지, 빗물 관리, 기술 및 사회적 인프라 등 주제별 개념 검증이 진행되었으며 이는 다시 소 구역별 기획공모와 개발계획 수립 등으로 연계 추진되었다. 그러나 2007년 진행된 예비조사 결과, 건축법의 용도전환에 따른 새로운 도시개발(재건)에서 기능적 약점과 부동산 구조 조정 문제 때문에 허가를 위한 일부 조건을 충족해야 했다. 개발조치는 성공적으로 완료되어 패시브 하우스 기준을 충족하는 세계 최초의 대규모 사업지구와 대형 영화관 건립 등이 가능했다.

하이델베르그 반슈타트Heidelberg Bahnstadt라는 프로젝트 이름은 과거 화물역사로 사용되던 하이델베르그 중앙역 인접 지구에 만들어진 새로운 도시의 의미를 갖는다. 2008년, 2개의 시립 주택협회와 2개의 은행(Sparkasse, Landesbank LBBW)이 토지 관리의 주체였던 아루레리스로부터 60㏊의 토지를 4,500만 유로에 인수하면서 이 프로젝트는 시작되었다. 동시에 하이델베르그 개발회사Entwicklungsgesellschaft Heidelberg(EGH)가 설립되었고 하이델베르그시는 도로, 녹지 및 오픈스페이스를 위한 15㏊의 토지를 450만 유로에 추가 구입하였다.

독일과 하이델베르그시는 기후목표 달성을 위해 1990년 대비 온실가스를 80~95% 줄여야 한다. 2018년 상반기, 독일에서는 처음으로 화석에너지보다 재생에너지로 더 많은 전기가 생산되었지만, 성공적인 에너지 전환을 위해서는 전기뿐만 아니라 독일 최종 에너지 소비의 1/3을 차지하는 건물의 난방과 운송도 포함되어야 한다.

독일에서 기후보호에 가장 적극적인 도시 중 하나인 하이델베르그에 건설되는 세계 최대 규모의 패시브 하우스 지구 반슈타트는 미래에 대한 투자의 방향을 가르쳐주고 있다. 내일의 도시는 어제와 오늘의 도시보다도 훨씬 적은 에너지를 소비해야 하기 때문이다. 유치원, 학교, 상점 등이 있는 편리한 도시환경과 우수한 대중교통의 연결, 양질의 인프라와 우수한 에너지 효율, 현대적인 건물, 녹지 등은 이곳의 지속가능성을 증진시키고 있다.

하이델베르그 반슈타트 지구는 극도의 에너지 절약형

다양한 유형의 주거건물

지구 중앙의 Schwetzinger Terrasse 광장

다양한 유형의 주거건물

건축방법을 적용하여 건설되었다. 축구장 200개 크기인 116㏊의 면적에 약 6,800명 규모로 만들어진 이곳은 세계에서 가장 큰 패시브 하우스 지구이다. 이전 철도 역사 특성을 따라 선형위주의 형태를 가진 이 지역은 오덴발트Od-enwald와 어퍼 라인 그라벤Upper Rhine Graben 평원의 전망을 가졌다. 이전 철도 지역을 상징하는 보존가치가 있는 기존 건물(신호탑, 급수탑 2개, 물품보관소, 철도 창고 등) 등이 계획에 반영되어 보존되어있고 이미 일부는 새로운 용도로 사용되고 있다. 지구 내 철도 선로의 소음방지를 고려하여 상업구역은 선로와 지구 경계지역에 배치하고 혼합 구역은 상업 및 복합 용도 구역에 광범위한 용도가 가능하도록 설계되었다. 대형 영화관, 컨퍼런스 센터, 호텔 및 연

구 집약적인 회사를 위한 다양한 사무 용도 구역에는 최대 6,000개의 일자리가 만들어질 것이다. 지구 내 공공 공간은 넓게 형성되어있고 녹지는 공공 공간과 주거지역을 지나 남쪽으로 탁 트인 녹지와 산책로로 연결되어 있으며 주거단지는 블록별로 조성된 작은 공원들이 연결되어 있고 전체 지구에서 주거단지는 열린 공원과 인접한 남쪽으로 배치되어 있다.

하이델베르그시는 반슈타트 개발 초기부터 젊은 가족을 위한 다양하고 특히 저렴한 생활공간을 만드는 것을 목표로 세웠다. 이를 위해 시는 EGH와의 도시개발 계약 과정에서 세입자 가구 지원을 위한 600만 유로 예산

건물의 중정

옥상녹화

다양한 형태의 루버

을 마련하도록 규정했다. 임대 보조금은 가계 소득, 아파트의 크기 및 가구 구성원 수에 따라 지급된다. 보조금 지원은 최대 10년 동안 가능하며 일반적으로 신청은 2년 단위로 진행된다. 이러한 프로그램을 시행한 결과, 2019년 중반까지 이미 4,300명이 입주하였고 주민의 평균 연령이 38세로 매우 젊어지고 자연 인구 증가는 약 1/3을 기록하고 있다. 하이델베르그시의 평균연령이 40세이며 65세 이상 인구 비율이 약 2.9%인 것을 감안하면 젊은 연령의 유입률이 매우 높은 것을 알 수 있다. 지구 내 8개의 유치원, 초등학교, 커뮤니티 센터가 있는 지역 캠퍼스 등의 기반시설 또한 젊은 가족에게 반슈타트에서의 삶을 매력적으로

느끼게 한 중요한 요소였다. 이러한 결실은 계획 수립 과정에 많은 시민들이 적극적으로 의견을 개진하고 참여한 결과이기도 하다. 이제 이곳은 젊은 세대가 거주하는 지속 가능하고 환경친화적이며 탄소 중립적인 첨단 과학도시로 성장하고 있다.

독일 패시브 하우스 연구소Passivehaus Institut가 개발한 반슈타트 패시브 하우스는 에너지 전환에 대한 모범적인 솔루션으로 평가되고 있다. 특히 '기후 보호'와 관련한 사항은 반슈타트 설계에서 세밀하고 중요하게 다루어졌다. 패시브하우스 기준은 건축허가의 최소 조건이었고 모든 건

다양한 출입구 디자인

상업업무지역의 호텔

상업지역의 레스토랑

상업시설

물은 별도의 추가 난방이 필요하지 않은 낮은 난방 요구 사항을 기준으로 설계되었다. 시는 현재 지붕(지붕 면적의 25%)에 태양광 발전 시스템을 설치해야 한다는 요구를 반영하고 있다. 전기와 열은 시의 유틸리티회사 슈타트베르케 하이델베르그Stadtwerke Heidelberg의 목재 열 발전소에서 100% 공급되며 거주자는 스마트 미터링을 사용하여 개별 전기 소비를 제어할 수 있다. 지능형 기술, 수요기반 및 자원 절약은 스마트시티의 비전이지만 도시개발이 기술적 솔루션에만 집중하면 사회적 측면이 상당부분 간과되는 문제가 발생한다. 반슈타트는 균형과 혼합이 이루어지는 공공 공간을 지원하여 진정한 스마트시티를 만들어 나가고 있다.

반슈타트 도시구조는 과거 철도 지역으로서의 특징을 반영하여 좁고 긴 형태로 개발되었으며 3개의 크고 연속적인 열린 공간 축과 긴 형태의 공공 공간으로 특징지어진다. 건축물만 스마트한 것이 아니라 공공 조명도 스마트한 방식으로 작동된다. 도시에서 공공 공간의 조명은 전기를 가장 많이 소비하는 요소 중 하나이다. 독일 에너지청(dena)에 따르면, 지방 자치단체 전기 소비량의 약 30~50%는 가로등에서 사용된다고 한다. 따라서 경제적이고 개별적으로 제어할 수 있는 조명 시스템은 많은 에너지 저감 및 CO_2 감축 잠재력을 가지고 있다. 반슈타트 지구 내 약 500개의 LED 가로등은 약 5개의 디밍 프로필이 있으며, 각 프로필은 밝기를 점차적으로 조절한다. 다양한 디밍 강도는 침실을 불필요하게 비추는 것을 방지하고 동시에 리모콘은 특별한 상황의 경우(예를 들자면 파티나 이벤트 등)에 맞추어 밝기를 조절할 수도 있다.

반슈타트에 입지 한 하이델베르그의 인프라 공공 기업인 슈타트베르케 하이델베르그 건물은 난방을 위해 ㎡ 당 연간 최대 15kWh/(㎡a)를 사용한다. 이것은 난방유 1.5ℓ 혹은 가스 1.5㎥를 사용하는 수치이다. 이것은 기존의 신축 건축물보다 약 10배 적은 수치이며 난방에너지 측면에서는 1970년대 건물의 에너지 수요량의 5~10%에 해당한다. 이는 패시브 하우스가 열 손실을 최대한 방지하기 때문에 가능한 것이다. 건축물의 외벽은 약 30㎝ 정도의 단열이 이루어지고 지붕은 더 두꺼운 단열 구조를 취하고 있으며 창문은 삼중 유리 시스템을 적용하고 있어 1990년 대비, 가정에서의 열 중 1/4만 손실된다. 반면, 태양복사, 체온, 가전제품 등에서 방출되는 열의 80%를 재활용하는 열 회수시스템이 적용되고 겨울철에도 실내 온도가 20℃ 이하로 떨어지는 경우가 거의 없다. 난방 및 온수 공급으로 인한 CO_2 배출량은 기존 동일 도시 규모에 비해 약 56% 낮으며 이 수치는 건설과정에서 지속적으로 패시

중앙 우수집수구역

기존 시설을 개조한 카페건물

녹지축에 인접한 놀이시설

건물의 옥상녹화 및 남측 오픈스페이스

브 기준에 의한 효과를 모니터링 하며 관리되고 있다. 각
각의 세대에는 버튼 하나로 셔터 및 루버를 조절할 수 있
는 자동화 시스템이 구비되어 있고 이를 통해 자동 환기
및 가열 등이 이루어지며 전력 소비량을 더 효율적으로
제어할 수 있는 스마트 계량기가 설치되어 있다. 개별 건
물부지의 에너지 소비량은 각 건물부지의 중앙 환승 스테
이션에서 열량계로 측정된다. 연방 환경청Federal Environment

Agency에 따르면 에어컨은 건물 부문의 중요한 에너지 소
비 증가요인이다. 에너지원을 냉기로 전환하려면 추가 에
너지 투입이 필요하고 동시에 사용되는 많은 냉매는 기후
에 유해하다. 가능한 친환경적인 솔루션을 보장하기 위해
슈타트베르케 하이델베르그는 냉방을 위해 매우 효율적이
고 생태적인 저온 생산 및 저온 배송 시스템을 제공한다.
열 구동 냉각기는 환경친화적인 지역난방 및 고효율 압축

대상지 남측의 대형 오픈스페이스

남측 오픈스페이스와 연결된 중앙공원

냉각기에서 냉기를 생성하는 데 사용되며, 필요한 경우 태양광 시스템과 함께 사용된다.

기존 주택에 비해 패시브 하우스의 건축 비용이 약 3~8% 정도 높지만, 난방 수요가 낮아 결국 주거 비용이 훨씬 저렴하다. 그럼에도 불구하고 기후중립 도시 실현에 적극적인 하이델베르그 시 정부는 반슈타트의 개인 투자자에게 패시브 하우스 기준을 충족하도록 규정했고, 패시브 하우스 표준이 기술적으로 불가능하거나 경제적으로 타당하지 않을 경우, 동등한 에너지 이익을 가져오는 다른 조치를 보상 구현하도록 했다. 시는 2018년 말까지 4 난세 패시브 성능 승인 제품에 대한 보조금 580만 유로를

상업시설에 인접한 중앙 분수광장

남측 오픈스페이스와 연결된 단지 산책로

2,442개 세대(156,000㎡의 생활공간)에 지원했고 입주자에게는 면적 또는 가족 수에 따라 일회성 보조금인 '지자체 E-Hause' 보너스를 지원했다. 주민들은 지하주차장 이용을 위해서 약 18,000유로의 대금을 지불하고 이용권을 별도로 구매해야 한다. 다양한 개성 및 가족구성을 수용하기 위해 주거단지는 블록별로 각기 다른 형태와 평면, 디자인을 적용하고 있고 블록마다 녹지와 수변공간으로의 접근이 용이하도록 계획된 생태주거단지의 특성 또한 지니고 있다. 각 아파트 블록은 서로 다른 개념과 컨셉의 녹지 디자인 방식을 취한다.

빗물관리 측면에서 이곳은 지역 지하수 함량을 증가시키고 강우 시 단시간 내의 표면 유출을 감소시키는 것을

기존 급수탑을 개조하여 만든 탱크트룸

목표로 계획되었다. 도시 중심을 남동−북서쪽으로 관통하는 넓은 랑엔 앙어^{Langen Anger} 물웅덩이는 지역의 미기후 측면에서 디자인 요소일 뿐만 아니라 저수지로서 강우를 흡수하여 폭우로부터 지역을 보호한다. 열섬 방지를 위해 전체 지붕 면적의 60%에 옥상녹화를 의무화하였다. 빗물 관리는 개별 건축 구역에서 침투되고 유출이 억제되도록 규정하며, 자연 녹지의 확보를 통해 증발산을 유도하고 이를 통해 도시 미기후를 개선하도록 계획되었다. 도시가 건설되기 전 이전 철도부지는 희귀 동식물에게 이상적인 서식지를 제공하고 있었고 도시 건설 후에도 새, 도마뱀, 꿀벌, 메뚜기, 나비 등이 자연보호법으로 엄격하게 보호되고 있다. 이러한 다양한 생태계가 대체 비오톱에 재정착할 수 있도록 조치할 수 있도록 하고 특히, 생활 공간만의 노력으로는 충분하지 않다고 판단하여 이러한 규정은 주거지역뿐만 아니라 상업지역에도 반영하도록 하였다.

이동성 측면에서도 반슈타트는 에너지 절약 도시 모델을 구축하고 있다. 지속 가능한 도시에서 강조하는 짧은 이동 거리의 도시로 생활과 일, 쇼핑과 여가, 유치원과 학교 등 모든 것이 도보로 이동 가능한 거리에 배치되어 있다. 인접한 역으로는 도시의 트램 2개 노선이 연결되어 있고 도시의 모든 지역이 연결된 46㎞의 자전거 도로도 건설되어 있다.

과거 이 부지는 화물 철도역뿐만 아니라 민간기업의 석유 저장소, 주유소 등의 기능도 담당하고 있었다. 이러한 이유로 이곳을 주거를 포함한 도시지역으로 개발하기 위해 일부 지역의 토양 부하에 관한 조사가 이루어져야 했다. 오염된 부지에 대한 조사를 수행하는 동안 다행히 오염이 발견되지 않았지만 안전한 주거지 개발을 위해 개발 과정에서 법적 토양 관리 조건(토양 행정규정 고려, 폭발물 의혹, 종 보호 문제, 배수요건, 부동산 시장성, 지반조건 등)을 수립하여 지켜지도록 했다.

반슈타트는 문화의 중심지로서의 역할도 수행한다. 지구 내에 위치한 Luxor Filmpalast(Luxor Filmepalace)은 15개의 스크린을 갖춘 세계 최초 패시브 하우스 영화관이다. 이곳은 영화관과 유리 스카이워크, 자유롭게 매달린 곤돌라, 해수 수족관 등의 기능을 함께 누릴 수 있다. 과거 화물창고로 쓰이던 공간은 젊은이들이 문화와 예술을 누릴 수 있는 할레02^{halle02}로 탈바꿈되어 매년 300개 이상의 이벤트가 열리고 매년 150,000명 이상의 방문객이 이곳을 찾고 있고 과거 철도 유지 창고의 급수탑은 탱크트룸^{TANK-TURM}으로 리노베이션되어 독서와 콘서트, 워크숍, 세미나를 위한 문화와 비즈니스가 결합된 기능으로 이용되고 있다. 탱크트룸은 역사적인 기념물 보호로 2017년 바뎀−뷔르템베르그^{Baden-Württemberg}상을 수상 하기도 했다.

탱크트룸 내부

영화관

기존 화물창고를 개조한 문화공간 할레02

하이델베르그 반슈타트의 성공 요인은 과학적이고 기술적인 에너지 개념과 정치적인 결정, 투자자 및 기획팀을 위한 에너지 컨설팅, 도시 에너지 요구사항을 매우 세밀하게 고려한 패시브 하우스 테스트, 건물 적용 프로세스의 통합 등에 있다. 또한, 체계적인 커뮤니케이션과 마케팅의 신뢰, 품질 관리 프로그램 등이 매우 경제적인 효과를 가져왔다. 이러한 양질의 도시환경과 건축물을 제공하는 것 이외에도 젊은 가족에게 주택을 제공하기 위한 시의 다양한 보조금 제도 또한 거주자로 하여금 주거비용을 감당할 수 있게 하는 요인으로 작용하였고 도시 및 주변 지역의 이용자들에게 매력적인 장소로 활용될 수 있도록 지역 정체성을 살린 상업 및 문화, 비즈니스 등을 유치하는 전략도 이곳의 지속가능성을 매우 높였다 할 수 있다. 또한, 스마트 기술의 한계를 극복하기 위해 공공 공간과 녹지를 활용한 만남의 장소를 적극적으로 조성하여 소속감과 커뮤니티를 증진시켜 거주자의 만족도를 고취 시켰다. 결국, 탄소중립도시는 기후변화 및 에너지 시대의 지속 가능한 도시 모델이다. 물리 환경적, 경제적인 측면에서 에너지 비용을 낮추고 사회적인 측면에서 거주 만족도를 높인 하이델베르그의 반슈타트는 이 모든 측면에서 매우 높은 성과를 얻었다고 할 수 있다.

참고문헌

- eboek(Ingenieurbüro für Energieberatung, Haustechnik und ökologische Konzepte), 2007, Städtebauliches Energie- unf Wärmeversorgungskonzept
- Heidelberg Bahnstadt, 2016, Ein Stadtteil der Zukunft
- KliBA(Klimaschutz- und Energie-Beratungsagentur), 2019, Energie-Monotoring der Jahre 2014 bis 2017 fuer die Wohngeäude im Passivhaus-Stadtteil Heidelberg-Bahnstadt
- Passivehaus Institut, 2016, Energie-Monotoring von Wohngebäuden im Passivhausß – Stadtreil Heidelberg-Bahnstadt
- Passivhaus Institut, 2021, Betriebsoptimierung Bahnstadt Heidelberg 2021
- Rilf Bermich, 2021, Passivhaus-Stadtteil Heidelberg-Bahn-stadt – Konzept – Realisierung – Erfahrungen, EAD-Tagung Klimneutrale Quartiersentwicklung mit Passihausstandard
- Stadt Heidelberg, 2011, Bahnstadt Heidelberg – Vorbereit-ende Untersuchungen zur Städtebaulichen Entwicklungs-massnahme
- Stadt Heidelberg, 2017, Sromsparkonzept Heidelberg Bahn-stadt, Gesamtbericht
- Stadt Heidelberg, 2019, Bahnstadt – The place to be in the science city of Heidelberg
- https://www.heidelberg.de
- https://element-a.de
- https://www.arrivalguides.com
- https://www.c40.org
- https://www.iconic-world.com
- https://www.latzundpartner.de
- https://www.tankturm.de

#혁신도시(InnovationCity)모델 #기후친화적 도시재생 #탈산업화
#루르 이니셔티브(Initiativkreis Ruhr) #ICM 프로젝트 운영회사 #태양에너지
#에너지 효율 리모델링 #주민참여 #공무적 #주민참여
#R&D #열병합 발전시스템 #산업·공공·전문분야 이해관계자 협업 프로세스

PART 08

InnovationCity, Bottrop, Germany

기후친화적 도시재개발 혁신도시 모델, 보트롭

- 위치 : 보트롭^{Bottrop}, 독일
- 건설기간 : 2012년~2020년
- 특이사항 : DS-Plan 에너지 컨셉, 건축비 약 6천만 유로, 2020년 독일 Solar 상 수상, 2019년 DGNB Climate positive 인증

InnovationCity Bottrop

독일 루르^{Ruhr} 지역 중앙에 위치한 보트롭 시는 지난 150년 동안 지하에서 석탄 채굴이 활발했던 곳이다. 프로스퍼−하니엘^{Prosper-Haniel}은 다른 모든 탄광이 폐쇄되었음에도 2018년까지 폐쇄되지 않고 남아 있어 독일의 마지막 탄광이 되었다.

이미 오래전부터 미래의 기후도시를 위해 노력하고 있던 보트롭시는 2010년, 루르 지역에서 향후 10년 이내 CO_2 배출량 50% 달성을 목표로 추진된 '이노베이션시티 루르^{InnovationCity Ruhr}' 지자체 공모전에서 'Blue Sky Green City'라는 주제로 우승을 차지했다. 이 공모전은 루르 지역에 있는 약 70개의 선도기업 협회 '이니티아티브그라이스 루르^{Initiativkreis Ruhr}'가 주관하였다. 그리고 바로 이 목표를 실현하기 위해 Innovation City Management(ICM) 회사가 프로젝트 지역에 설립되었다. 이 회사는 전체 프로젝트를 제어 및 관리함과 동시에 커뮤니케이션과 마케팅을 담당하며 필요한 프로세스를 추진하였다.

보트롭의 파노라마뷰

보트롭시 주민 117,565명 중 약 70,000명이 이노베이션시티 프로젝트 시범지역 내에 거주하고 있다. 그들이 거주하고 있는 12,500채의 건물 중 대부분인 10,000채의 건물은 개인 소유 주택이고 나머지 25,000채의 주거용 건물은 다양한 주택 회사의 소유이다. 해당 지역의 구조적, 사회적, 에너지 관련 측면은 프로젝트 초기에 분석되었고 이를 토대로 '기후 친화적 도시개발 마스터플랜 모델도시 보트롭'이 알버트 스피어^{Albert Speer} 건축사무소(AS&P)에 의해 수립되었다. 이 계획에는 에너지 효율 증대, 온실가스 감축, 기후 변화 적응 및 삶의 질 향상을 위한 300여개의 구체적인 방안과 사업이 제시되었다.

이노베이션시티 보트롭 프로젝트는 공모전 우승과 함께 정부의 '도시재생 서부지역^{Urban Redevelopment West}' 자금 지원과 결합하여 2012년부터 2020년 12월까지 추진되었다. 크게 4개의 대상 영역 즉, '에너지 효율 및 에너지 절약, 기후 친화적인 에너지 생산, 기후 친화적인 다양성,

기후 친화적인 도시 재개발'로 추진되었다. 그리고 각각의 개별 프로젝트는 해마다 실행되거나 시작되었으며 고효율 열병합 발전소 또는 미래 에너지 그리드 요구사항에 대한 연구 프로젝트였다. 기존 건축물인 3개의 단독 주택과 다

가구 및 상업용 건물을 에너지 플러스 주택으로 개조, 신규 사회주택의 건설, 자전거 도로 네트워크 개선, 충전소 인프라 구축, 가로등의 LED 전환사업 등의 사업이 추진되었고 주택 소유자가 에너지 절약 현대화 조치를 수행하

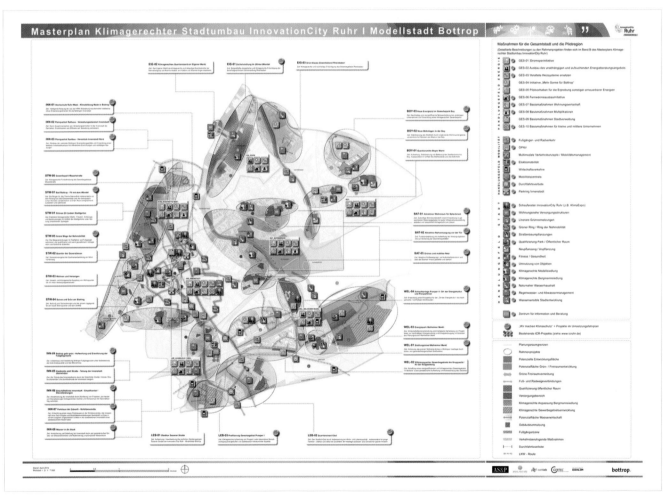

기후친화적 도시전환, 모델도시 보트롭 진행 프로젝트

지붕에 설치된 태양광 패널

보트롭 지붕의 모습

거나 녹색 지붕과 수직녹화 등을 추진하였다.

2014년에 수립된 마스터 플랜은 총 6개 중점 분야(생활, 업무 및 에너지, 모빌리티, 도시 활성화, 참여 활성화)에 300개 이상의 프로젝트가 계획되었으며 공간적으로 7개의 계획 구역으로 설정되었다. 2020년에는 총 240개 이상의 프로젝트가 시작되었다. 모두 개별 프로젝트로 기후 친화적 도시 조성에 기여했다. 계획구역 관리는 각각 3명의 관리자와 2명의 건축가로 구성하여 프로젝트가 추진되었고 ICM 회사는 전체 프로젝트의 마케팅 및 커뮤니케이션을 위해 캠페인 계획 및 인쇄 홍보물 제작 등을 지원하였다.

보트롭은 10년 이내에 CO_2 배출량을 50% 절감한다는 야심찬 목표를 세웠고, 이 목표를 달성하기 위해 루르 지역의 다양한 측면을 반영하는 7개의 계획 지역에 총 70,000명의 주민이 거주하는 지역을 대상으로 프로젝트를 진행했다. 이 프로젝트는 경제 안팎에서 시민 활성화, 네트워크 구축, 프로세스 통합, 경험, 방법 및 프로젝트의 이전 가능성에 중점을 두었다. 특히, ICM이 전체 프로젝트를 제어함과 동시에 개별 플레이어를 조정하고 부동산 소유자에게 에너지 효율과 관련한 초기 무료 상담 및 컨설팅 서비스를 제공하여 연평균 3% 이상의 에너지 현대화율을 달성할 수 있었다. 내부적으로 지역을 관리하고 소

알핀센터 지붕의 태양광 패널

통할 수 있는 관리자를 두어 행정과 지역 행위자 간의 연결고리의 역할을 하고 원활한 정보 교환을 보장했다. 또한, 모델 영역의 자문 서비스 범위는 정기적인 주제별 이벤트와 지구에서 직접 제공되는 정보 이벤트를 통해 강화되었다. 정보가 이해하기 쉽고 온라인과 오프라인에서 지속적으로 전파되는 것이 중요했기 때문이다. 'Climate Protect Market Place' 쇼룸에서는 건물의 에너지 현대화

알핀센터 보트롭 실내 모습

조치에 사용할 수 있는 비즈니스 파트너의 개별 프로젝트, 제품 및 서비스가 소개되었다.

도시의 활동을 최적화하기 위해 다양한 형태의 시민 설문조사도 실시되었다. 이러한 정기적인 평가와 결과는 주기적으로 시행되었으며 프로젝트 성공의 중요한 부분이었다. 또한, 프로젝트 프로세스는 기후 및 에너지 관련 비영리 연구소인 부퍼탈 기후 환경 에너지 연구소Wuppertal Institute for Climate, Environment and Energy가 이끄는 과학적 연구와 프로젝트를 기반으로 보트롭의 루르 웨스트 응용 과학 대학Ruhr West University of Applied Sciences 이 수행했다. 이 경험을 통해 기후 중립으로 가는 길에 있는 도시 구역에 대한 전국적이고 전체론적인 개념을 개발할 수 있었다.

보트롭의 목표는 2020년에 CO_2 배출량의 50.09%를 저감하며 달성되었다. 현대화 및 수리 조치를 위한 단순화된 보조금이 성공의 원동력이었다. 예를 들어, 2014년부터 보트롭 시의 자금 조달 가이드라인을 통해 약 275만 유로의 보조금이 지급되었고, 이를 통해 약 2,108만 유로의 투자가 이루어졌다. 이 결과, 에너지 현대화율이 연평균 3.3%를 상회하는 수준을 만들어냈다. 총 투자 규모는 7억 2,300만 유로이며 이 중 2억 200만 유로는 공적 자금에서 지원되었다.

주거건물 지붕에 설치된 태양광 시설

하수처리장

태양을 이용한 슬러지 건조시설

독일 북부 스키 매니아들을 위한 실내 스키 리조트인 알핀센터 보트롭Alpincenter Bottrop이 이 사례지역에 위치하고 있다. 이곳은 Europa-Center에 위치한 최대 규모의 실내 스키 리조트이며 여름철에는 실내 서핑도 가능하다. 이곳은 640m 길이의 슬로프를 보유하고 있으며 초급자부터 전문 스키어까지 모두 즐길 수 있도록 구성되어 있다. 알핀센터 보트롭은 축구장 3개 크기의 면적에 태양광 시스템을 설치했고, 이로 인해 보트롭의 PV 시스템은 독일과 도시에서 가장 큰 시스템 중 하나가 되었다. 지붕 표면에 설치된 태양광 모듈은 시설물의 단열 성능 상승에 기여하고 홀 내부에 더 많은 그늘을 제공하여 에너지 생산과 저감

을 동시에 만들어 내는 이점을 준다. 약 400만 유로가 투자된 이 지붕 시스템에는 18,000개 이상의 PV 모듈이 설치되어 매년 약 1.44MWh 규모의 전기를 생산할 수 있다. 스키장은 1년 365일 운영되기 때문에 항상 새로운 눈을 생산해야 하며, 홀의 공기 온도는 항상 영하 5℃ 이하를 유지해야 한다. 이를 위해 많은 에너지가 필요하며, 특히 여름철의 요구량은 엄청나지만, 자체 에너지 생산 태양광 모듈과 이 설비가 만들어주는 그늘 덕분에 에너지 비용이 무척이나 감소 된다. 에너지 비용 외에도 태양광 발전을 사용하면 보트롭의 CO_2 배출량 감축에도 기여하게 된다. 또한, 2021년 세계 최대 규모의 태양열 하수 슬러지 건

조 플랜트가 보트롭 하수 처리장에서 가동되기 시작했다. 4,000㎡의 32개 건조 홀이 만들어졌다. 이는 독일 최초의 에너지 자급자족 대형 하수처리장 패키지 '하이브리드 발전소 엠셔'의 일부이다. 이 프로젝트는 이노베이션시티 프로젝트의 일환으로 2016년부터 추진되어왔다. 이 시설을 통해 연간 70,000ton의 CO_2가 절약된다.

10년의 프로젝트는 석탄 도시 보트롭을 기후도시로 탈바꿈시켰다. 프로젝트가 완료된 후에도 시민들은 추가 자금 지원과 무료 에너지 상담 혜택을 통해 태양광 시스템을 확장시키고 있다. 현재 보트롭시는 프로젝트 시작부터 현재까지 1인당 태양광 발전 용량 부문에서 루르 지역 내 1위를 차지하고 있다. 2022년까지 총 1,759개의 태양광 시스템이 설치되었고 출력량은 36,883.4kWp으로 4인 기준 12,000가구에 공급할 수 있는 규모이며, 연간 약 12,824ton의 CO_2를 절감하고 있다.

참고문헌

- AS&P, Arge IC Ruhr, 2014, Masterplan Klimagerechter Stadtumbau für die InnovationCity Ruhr l Modellstadt Bottrop – Band A; Potenzialatlas
- Arge IC Ruhr, 2014, InnovationCity Leitfaden Klimagerechter Stadtumbau
- AS&P, Arge IC Ruhr, 2014, Masterplan Klimagerechter Stadtumbau für die InnovationCity Ruhr l Modellstadt Bottrop – Band B; projektatlas
- Dena(Deutsche Energie-Agentur), 2019, dena-Abschlussbericht Urbane Energiewende – Ausgewälte Praxisbeispiele
- European Commission, 2021, Case Study ß InnovationsCity Ruhr: Model City Bottrop
- ICM (Innovation City Management GmbH), 2021, Magazin Innovationcity Bottrop 2010-2020
- Rüdiger Schumann, Roland Hunziker, 2018, InnovationCity Ruhr l Modell City Bottrop – A Blueprint for a Futureproof City. The Urban Transitions Alliance
- Wuppertal Institut, 2021, Gesamtbeurteilung der Zielerreichung im Bereich des Klimaschutzes des Projektes InnovationCity Ruhr Bottrop
- https://www.bottrop.de
- https://snowline.be
- https://www.as-p.com
- https://www.eglv.de
- https://www.spie.com
- https://www.waz.de

#기후중립 지구 #탄소중립 #Hamburg Water Cycle(빗물, 중수, 하수) 시스템
#에너지 발전소 #지열 #태양광 #물과 에너지, 물질 효율화 #저에너지 및 패시브 건축
#생물 다양성 #자연기반 솔루션 #탄소제로 빗물관리 #군사지역 도시재생

PART 09

Jenfelder Au, Hamburg, Germany

버려진 자원으로 열과 전기를 만들어내는 단지, 엔펠더 아우

• 위치 : 함부르크^{Hamburg}, 독일
• 면적 : 약 35ha
• 사업기간 : 토목공사 2012년~2014년

현재 우리가 살고있는 도시에서 '물'은 어떻게 다루어지고 있는가? 오늘의 도시에서 물은 자연의 한 부분으로서의 특성과 기능이 고려되지 않은 채, 인간중심의 기능과 편의에 따라 처리되어 높은 시설투자와 처리비용, 에너지 소비를 야기시켜왔다. 특히, 탄소중립도시에서 '물'은 이제 비용을 유발하는 처리대상이 아닌 자원으로써 다루어져야 한다.

항구도시인 함부르크는 약 150여 년간 쌓아온 식수공급 및 하수처리 분야의 노하우로 독일에서 통합적 수자원 관리 분야에서 선도적인 위치를 차지하고 있다. 또한, 최근에는 이러한 경험을 바탕으로 수자원을 활용하여 기후변화와 에너지 문제를 해결할 방안 마련에 많은 노력을 쏟고 있다. 그 대표적 실천 사례가 바로 엔펠더 아우Jenfelder Au이다.

엔펠더 아우는 독일 함부르크 북동부에 위치한 과거 연합군 주둔지를 새로운 단지로 계획한 브라운필드 재활성화 프로젝트이다. 약 30ha 면적에 770가구(2,000명)를 수용할 수 있는 규모로 토지이용은 주거(60%), 상업(20%), 공공녹지(20%)로 구성되어 있고, 630세대는 새로 건설되고 140세대는 이전 군 막사 건물을 리모델링하여 공급된다. 이곳은 함부르크 도심에서 9㎞, 시 경계에서 1㎞ 거리에 위치하고 바로 인근에 수많은 상점, 학교, 공공시설 및 레크리에이션 지역이 인접해있어 도심에서의 편리한 삶과 도시 외곽에서의 조용한 전원생활의 장점을 모두 누릴 수 있다. 이 사례는 건물군 단위에서 수자원 및 에너지 공급에 관한 새로운 접근방식을 제시하고 있는데 빗물관리를 위해 공공녹지를 활용하고, 새로운 관점의 폐수처리 개념을 적용하여 체계적이고 통합적으로 구축된 Green-Blue 시스템이 기후변화 대응을 위해 무엇을 할 수 있는지를 보여주는 좋은 예이다.

전체 개발계획은 2006년 국제공모전을 통해 네덜란드 로테르담에 위치한 West 8 설계사무소의 안이 선정되었고 이후 독일 연방정부의 시범사업으로 추진되었다. 2010

막사건물(개조 후 탁아소)

에너지센터

열병합발전소 기계실

진공펌프

수공간

바이오가스시스템

수공간과 건물의 조화

중앙 우수 집수 구역

년에는 IULA(International Urban Landscape Award)에 선정되었고, 함부르크에서 추진하고 있는 IBA(Internationale Bauausstellung, 국제 건설 전시회)의 참조 프로젝트(reference project)로 추진되고 있으며, 2013년에는 IBA로부터 우수상을 수상했다. 이 사례는 두 가지 특별한 구성요소가 있는데, 기후보호에 능동적으로 대응하는 미래 지향적인 배수 및 에너지 생성 시스템인 'HAMBURG WATER Cycle®'과 수

상경력이 있는 West 8 도시디자인 지침을 반영한 '디자인 가이드라인'이다.

함부르크와 인근 지역의 물 공급과 하수 처리를 담당하고 있는 공공 수도회사 'Hamburg Wasser'는 2005년, 지역의 지속 가능한 개발과 기후 및 에너지 문제 해결을 위해 'HAMBURG WATER Cycle®(HWC)'이라는 새롭고

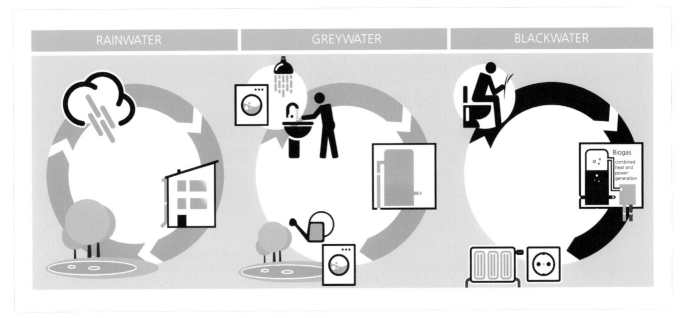

HWC은 현장에서 생태학적으로 사용하기 위해 특성에 따라 폐수 흐름을 3가지로 분류한다.
: 빗물(rainwater, 관개, 침투 또는 증발에 사용, 기후와 지하수에 좋은 영향을 미침), 중수(greywater, 샤워기나 세탁기에서 나오는 물은 서비스용수로 사용할 수 있도록 처리됨), 폐수(black-water, 에너지와 영양분으로 가득차 있음, 전기 또는 열로 전환)

혁신적인 개념을 개발했다. 이것은 수자원과 에너지 인프라의 보완영역이 상호 의존적으로 작용하여 수자원을 보호함과 동시에 폐수를 활용하여 에너지를 생산하는 것을 주요 내용으로 한다. HWC에서 가장 중요한 요소는 '개별 관리'로 빗물(rainwater), 중수(greywater), 폐수(blackwater)를 분리 처리하는 것이다. 기존 처리 시스템에서는 모든 가정 하수가 혼합되어 하수 시스템으로 배출되지만 HWC는 오염도에 따라 하수 종류를 나누어 처리하여 각각 다른 방식의 자원으로 활용하는 것이다. 엔펠더 아우는 단지 내에 건설되는 모든 건물이 이러한 HWC로 연결되는 첫 번째 사례이다.

HWC의 혁신적 접근방식을 통해 엔펠더 아우 전체 지구는 함부르크 기후 보호개념에 따라 가능한 한 자체 에너지를 공급받을 수 있도록 계획되었다. 이를 위해 폐수 처리, 에너지 생성 및 공급이 지역에서 직접 수행되는 시스템이 개발되어 적용되었다.

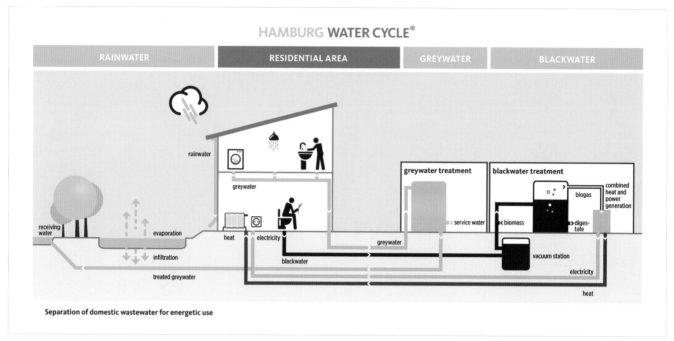

에너지 사용을 위한 생활 폐수 분리

우선 수자원 처리 방식 중 우수의 경우를 살펴보면, 이 단지에서 비가 내리면 배수관을 통해 빗물이 한꺼번에 급히 흐르지 않고 단지 곳곳의 크고 작은 녹색 기반시설 즉, 여러 위계로 연결된 초목과 유역에 의해 빗물이 점차적으로 땅에 흡수된다. 분산식으로 조성된 이러한 빗물 관리 시스템을 통해 약 5,000㎥ 이상의 유출수가 단지 내에 저장될 수 있다. 빗물은 단지 내 외부를 흐르며 식물이나 나무의 뿌리, 자갈, 흙 등을 거치게 되고 오염 물질이나 침전물이 걸러지게 된다. 건물의 지붕에서부터 도랑, 개울, 습지, 연못 등으로 연결되는 빗물의 흐름은 폭우 발생 시 수역의 과부하를 방지하고 평상시에는 단지의 미기후 조절과 생물 종 다양성의 확보, 깨끗한 수질 유지 등의 효과도 얻을 수 있다.

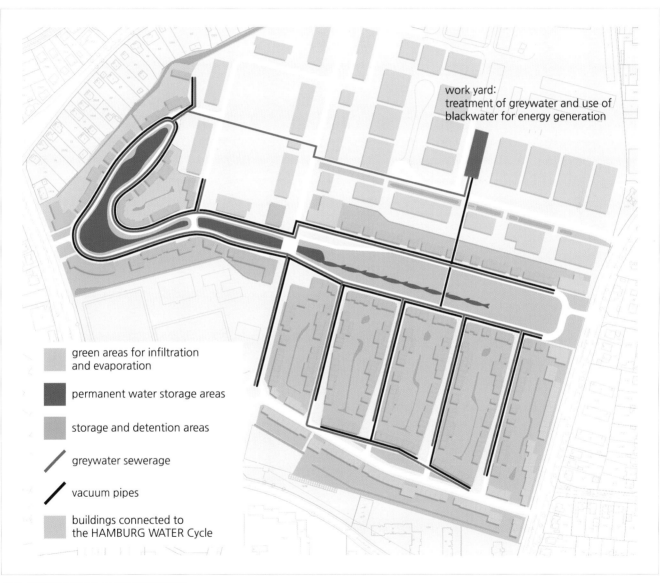

work yard:
treatment of greywater and use of
blackwater for energy generation

green areas for infiltration
and evaporation

permanent water storage areas

storage and detention areas

greywater sewerage

vacuum pipes

buildings connected to
the HAMBURG WATER Cycle

HWC : 별도의 중수 및 하수 시스템과 빗물 저류 구역

단지 공원 및 도보와 연계된 우수 도랑

단지 내 우수도랑 및 단차

우수통로 및 필터링 시스템

우수처리를 위한 레벨차

녹지와 우수처리 도랑의 디자인 연계

우수 통로 및 필터링 시설

샤워실, 세탁실 또는 주방에서 나오는 중수는 전용 관거를 통해 2단계 처리 설비가 갖춰진 중수처리시설로 모인다. 첫 번째 단계에서는 고정식 생물 반응기를 사용하여 생물학적 처리로 불순물을 정화한다. 거기에서 슬러지가 형성되고 미생물이 오염물질을 제거한다. 두 번째로, 남은 미세물질이 제거되는 초미세여과 막을 갖춘 특수 필터 시스템으로 물이 이동하여 두 단계의 여과 단계를 마친다. 중수처리시설을 통해 걸러진 물은 음용수로는 부족하지만 단지 내 서비스를 위한 용수로는 매우 훌륭할 정도로 정화된다. 처리된 물은 다시 가정에서 변기 용수로 이용되거나 녹지 지역에 물을 주는 용도로 사용된다.

화장실 변기를 통해 버려지는 오염도가 가장 심한 폐수는 진공 파이프를 통해 진공 스테이션으로 모아지는데, 한번 흡입 시 0.8~1.2ℓ(기존 1회 처리 용수에 대비 80% 미만)

수공간과 어우러진 건물디자인

우수통로와 녹지의 연계

우수집수구역과 식재

우수집수공간과 다양한 뿌리식물

단지와 단지 사이의 우수 처리 도랑

우수통로 및 다리

중정의 휴게시설 및 우수 통로

중정의 투수성포장

우수집수를 위한 웅덩이와 식재

의 매우 적은 양의 물이 사용된다. 이를 통해 한 사람당 연간 약 7,300ℓ의 신선한 물을 절약하는 효과를 얻을 수 있다. 또한, 적은 물을 사용하여 진공으로 폐수를 흡입하는 방식은 폐수의 바이오매스 함량을 고농도로 유지시킨다. 농축된 폐수는 다른 유기물질과 함께 혐기 처리되어 바이오가스를 생산하고 바이오가스는 열병합발전 시스템을 통해 다시 주거시설에 열과 전기로 공급된다. 현대 도시에서도 바이오매스를 이용한 발전시설이 대규모로 건설되어 이용되고 있지만, 일반적 시스템에서는 폐수가 중앙 집중식으로 설치된 발전 시스템까지 이동하는 과정 중에 많은 기타 용수의 유입으로 희석되고, 최종적으로 처리장에서 슬러지를 활용할 때는 농도가 낮고 영양분이 적어

에너지 효율이 매우 낮아지게 된다. 그러나 엔펠더 아우에서처럼 이동거리가 짧고 외부 용수의 유입을 차단해 슬러지의 농도를 높게 유지하면 훨씬 더 많은 에너지를 생성할 수 있다. HWC개념이 적용된 새로운 물 순환이 대규모로 처음 실현되고 있는 엔펠더 아우 지역에서는 이러한 순환 시스템을 통해 물 요구량을 최소 30%까지 줄일 수 있게 된다.

이 지구에 건설되는 새로운 주택은 에너지 수요를 최대한 낮추기 위해 저에너지 또는 패시브 하우스 기준(최대 50~15kWh/㎡)을 준수하여 설계되었고, 건물의 지붕에는 최대 활용가능한 면적에 태양광 및 태양열 시스템이 장착되어 있다. 지구 내 바이오가스 시스템은 전기 100kW와 열

다양한 주거 디자인

개조된 막사 건물과 신규주거의 조화

135kW를 생산할 것으로 예상되며 이는 이 지역에서 요구하는 난방 요구량의 30%와 전기 요구의 50%를 감당할 수 있는 양이다. 나머지 에너지는 태양 전지판과 지열 히트펌프 시스템의 조합을 통해 생산할 예정이다. 이러한 시스템을 통해 엔펠더 아우 단지에서는 연간 500ton(일반적으로 동일 규모의 주거 개발에서 배출되는 이산화탄소량)의 이산화탄소가 감축될 것이다.

HWC 이외에 이 프로젝트의 또 다른 한 가지 주요 구성요소는 West 8 도시디자인 지침을 반영한 '디자인 가이드라인'이다. 도시디자인의 명시적인 목표는 '젊은 세대부터 노년 세대까지 다양한 계층의 주민이 어우러진 도시를 만들어 다양성을 확보하는 것'이다. 이는 이곳에서 전통적

주택과 새로운 형태의 주택 공급이나 건물의 다양한 개별적 외관을 통해 구현될 것이다. 상업, 소규모 비즈니스, 서비스, 사회시설, 음식점 및 소매업은 주거를 보완하고 사회적 지속가능성을 갖춘 지역을 형성하게 된다.

제시된 디자인 지침은 '균일성(uniformity), 개별성(individuality), 지속가능성(sustainability)'의 세 가지로 크게 구분지어진다. 새롭게 만들어지는 지구는 대가족부터 소가족, 독신자, 노인 및 학생들을 위한 조화로운 공간이 되는 것을 목표로 지구 내 모든 건축물과 도시디자인은 주민들 각각의 특성과 개성을 담고 표현해야 한다고 말한다. 이러한 개념은 형태 언어의 다양성과 각기 다른 디자인과 색상의 소규모 혼합으로부터 생명력을 얻고 이는 도시개

발 수준에서뿐만 아니라 모든 거리 공간에서 경험되어지도록 디자인할 것을 제안한다. 또한, 각 주거단위의 개성을 최대한 반영함과 동시에 조화롭고 일관성 있는 단지를 조성하기 위해 공통적인 디자인 원칙 또한 제시하고 있다. 이러한 공통 원칙은 주민 혹은 외부 방문자로 하여금 새로운 단지를 전체로 인식할 수 있도록 하며 이것은 지역의 정체성과 안정감을 조성한다. 단지의 전체적 디자인은 "다양성 속의 통일"이라는 목표를 따르도록 디자인 가이드라인이 제시되고 있다. 디자인 지침에서 중요하게 강조하고 있는 '지속가능성'은 건물의 건설과 운영에서 환경호환성을 갖추고 자원을 보존하는 것을 의미한다. 새롭게 건설되는 단지의 컴팩트한 디자인은 주변의 맥락과 경관을 유지할 수 있다. 새로운 건물들은 최신 기술을 장착하고 에너지, 물 및 기타 자원을 절약할 수 있지만 기존의 도시구조를 저해하지 않고 기존 지역과 조화롭게 결합 되어야 함을 강조하고 있다.

이처럼 탄소중립도시에서는 '사고의 전환'이 필요하다. 엔펠더 아우의 사례에서처럼 도시에서의 물을 단순히 효율적으로 처리하거나 이용하는 것을 넘어서서 버려지는 것을 자원으로 바꾸는 생각의 전환, 즉 '물 관리 전환'이 자원 및 에너지의 절약과 더 나아가 기후변화와 에너

지 문제를 동시에 해결할 방법이 될 수 있음을 살펴보았다. 앞으로의 지속 가능한 도시를 위해 오늘 우리는 어떤 생각과 삶의 방식을 전환해야 할까?

참고문헌

- Agustin, Kim, Hamburg Water Cycle in der Jenfelder Au, 2011
- Guenner, Ch., Hamburg Water on its Way to Energy-Neutral Water Management, 2013
- HafenCity Universität(HCU), 2013, Ansatz und Wirkungen des Projektmanagement zur Qualitätssicherung - Evaluation des Pilotprojektes Jenfelder Au(Quartier mit Weitsicht)
- Hamburg Wasser, Projektierungsunterlage Vorhaben HAMBURG WATER Cycle in der Jenfelder Au, 2011
- Jurleit, A., Dickhaut, W., Analyse des Projekts, Jenfelder Au 2011
- Kreis - Versogung durch Entsorgung, 2012, Kopplung von Regenerativer Energiegewinnung mit Innovativer Stadtentwässerung
- Meinzinger, F., Green Energy from black water - the Hamburg Water Cycle in the settlement Jenfelder Au, 2014 -Stadt Hamburg, 2008, Neues Wohnen in Jenfelder – Ein exzellente Projekt für die IBA Hamburg
- Stadt Hamburg, 2011, Hamburger Stadthäuser: Individuell und urban leben
- Stadt Hamburg, 2011, Jenfelder Au – Konversion der ehemaligen Lettow-Vorbeck-Kaserne in Hamburg-Jenfeld
- Stadt Hamburg, 2013, Jenfelder Au – Quartier mit Weitsicht, Handbuch für Bauherren und Architekten
- 김정곤, 2017, 도시 물 관리 전환과 워터 사이클, 생태환경논문집
- https://www.hamburg.de
- https://www.spiegel.de

SWEDEN

Malmö

#탄소중립 건축물 #제로탄소 인증(NollCO₂) #인증제도(LEED Platinum, WELL)
#탄소생애주기(내재 및 운영탄소) #순환경제 #지붕녹화

PART 10

Hyllie Carbon Neutral Building, Malmö, Sweden

전체 수명 주기의 탄소를 제로로 만드는 건물

말뫼^{Malmö}는 스웨덴과 덴마크를 분리하고 북해와 발트해를 연결하는 직선을 따라 위치하고, 28만의 인구가 거주하고 있는 스웨덴에서 세 번째로 큰 도시이다. 과거 조선업과 제조업이 발달했던 이 지역은, 1980년대 중반 이후 조선업의 해외 이전과 자동차 공장 합병 등으로 점차 쇠퇴를 맞이했다. 지속가능성을 잃고 낙후되었던 이곳은

2000년, 스웨덴과 덴마크 코펜하겐을 연결하는 외레순드^{Öresund} 다리가 개통되며 도시의 잠재력이 살아나게 되었고 개발수요를 기반한 여러 도시재생 프로젝트가 추진되었다. 현재 말뫼는 다양한 문화적 배경을 가진 사람들이 함께 살아가는 지속가능하고 환경친화적인 도시로 성장하였고 특히, 도시 인프라 및 건물의 에너지 효율성을 높이고 재생에너지 시스템을 적극적으로 도입하여 기후변화 및 탄소중립의 선두 도시로의 입지를 다지고 있다.

말뫼시의 힐리^{Hyllie} 지구는 말뫼시에서 가장 큰 개발지역으로, 기존의 산업 지역을 현대적인 도시 공간으로 전환하는 것을 목표로 한다. 이 프로젝트는 지속 가능한 도시발전, 경제 활성화, 사회 문화적 복지 증진을 추구하며 도시의 국제적 경쟁력을 강화하기 위해 추진되었다. 2011년, 시는 이 지역을 지속 가능한 도시개발의 글로벌 벤치마크로 만들기 위해 도시 폐

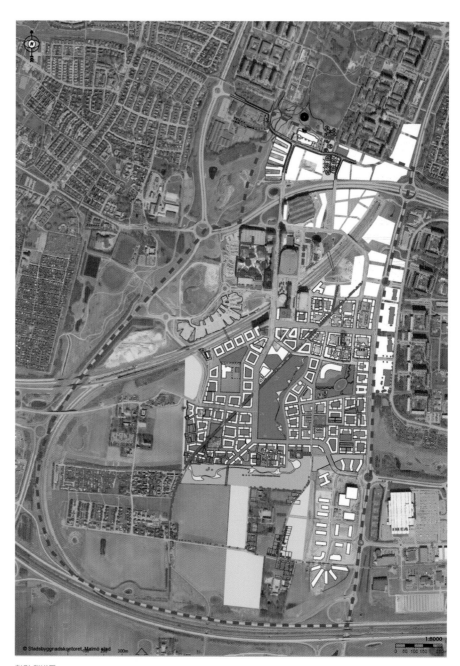

힐리 개발도

기물 처리회사인 VA–SYD 및 에너지 회사 E.ON과 기후계약을 체결했고 계속적인 공공 및 민간의 협력을 통해 사업을 추진하고 있다.

기존 산업 지역을 현대적인 도시공간으로 전환하기 위해 교통과 인프라 개선에 집중하였고, 외레순드 다리와 말뫼 중앙역 간의 교통편의를 높이고 현대적인 교통체계를 도입하여 지역 접근성을 개선하였다. 또한, 다양한 주거, 상업 및 업무 공간을 개발하여 지역 성장을 촉진하였는데 새로운 주거단지와 쇼핑몰, 기업 사옥, 호텔 등의 조성은 주민들의 삶의 질을 높이고 경제 활동을 활성화 시키는 것에 기여했다. 특히, 이곳은 스마트 기후 지구로 특화되어 개발되고 있다. 복합 에너지 시스템을 도입하고 에너지 효율을 높이는 건물 설계를 실시하며, 친환경 교통체계를 도입하는 등 모든 개발에 친환경적 접근 방식을 채택하였다. 이 지역에 적용된 요소기술 및 시스템 등은 말뫼의 나머지 지역과 다른 도시를 위한 역할 모델로 테스트되고 있다.

힐리 테라스 ^{Hyllie Terrasse}

- 위치 : 힐리, 스웨덴
- 용도 : 업무용 건물
- 규모 및 면적 : 지상 12층, 17,000㎡
- 주요키워드 : LEED 인증, WELL 인증, NollCO$_2$ 인증, 탄소중립, 내재탄소, 운영탄소

건물 중앙의 공원

건물 중앙의 녹지공간

말뫼시 힐리 지구에 위치한 힐리 테라스 건물은 외레순드 다리에서 매우 가까운 거리에 위치한 스웨덴 최초의 탄소중립 오피스 빌딩이다. 힐리 테라스는 약 17,000㎡의 12층 규모의 건물로 남쪽을 향해 대규모 그린 테라스가 경사를 이루어 조성되어있고 공용 리셉션, 라운지가 있는 아트리움, 서비스 및 레스토랑, 탈의실을 갖춘 자전거 호텔 및 충전소 및 주차장 등의 기능을 포함하고 있다. 특히, 이 건물은 스웨덴 건설업계에 새롭게 도입된 엄격한 기준의 지속가능성 인증인 스웨덴 그린빌딩 위원회Sweden Green Building Council(SGBC)의 'NollCO$_2$' 인증을 위한 첫 번째 파일럿 프로젝트 중 하나이고 LEED 및 WELL 인증을 받았다.

힐리 테라스는 부동산 개발업체 스칸스카Skanska사가 개발한 최초의 완전한 탄소중립 건물이다. 스칸스카는 프로젝트에 참여를 희망하는 업체가 프로젝트 참여 시 사용할 다양한 재료의 기후 및 친환경 영향을 보고하는 자체 환경성적표지Environmental Product Declarations(EPD)를 작성하도록

힐리 테라스 남측의 그린테라스

요구하였고, 기후 영향이 적은 공급업체를 평가하여 선택하였다. NollCO₂(ZeroCO₂) 인증을 획득하기 위해서는 엄격한 배출 기준을 충족해야 하며 전체 수명 동안 대기 중으로 추가 CO_2 배출이 없도록 다양한 제품의 환경 영향에 대한 한계 값 및 검증된 계산에 관한 높은 요구사항을

힐리 테라스 라운지에 배치된 가구

빛을 통해 입면의 굴곡이 강조되는 폼라이너

제시해야 했기 때문이다.

힐리 테라스를 완전한 탄소중립 건물로 조성하기 위해 기초, 프레임 및 파사드에 사용되는 콘크리트는 시공 단계에서부터 긴밀한 협력을 통해 콘크리트 요소의 33%, 철강 요소의 55%까지 내재 탄소를 감축시켰다. 또한, 건물을 남향으로 배치하여 일조량을 늘리고 에너지 소비를 줄였다. 남향으로 열린 녹색 테라스는 생물 다양성에 도움이 되고 빗물을 수집하는 기능을 수행한다. 건축 자재는 가능한 범위 내에서 재활용되거나 현지에서 제조된 재료를 선택하고 스웨덴에서 가장 큰 에너지 기업 중 하나인 E.ON 및 말뫼시와 협력하여 에너지를 최적화하였다. 또한, 모든 수준에서 지속 가능한 사고를 장려하기 위해 모든 임차인과 녹색 임대 계약을 체결한다. 스칸스카는 가구회사 스웨디쉬Swedese의 디자이너 루이즈 헤더스트롬Louise Hederström과 함께 건설 폐기물, 가구 제조 폐기물, 병든 느릅나무 등의 버려질 위기의 재료를 활용하여 가구를 제작하였고 이 가구들은 힐리 테라스의 공공 아트리움에 배치되었고 리셉션 데스크, 소파, 스탠딩 테이블, 바 스툴 등의 종류가 있다.

스칸스카는 힐리 테라스 외벽을 독일 건축 자재 회사

현장에서 시공 중인 폼라이너 블럭

폼라이너의 상세모습

레클리RECKLI사의 주름지고 굴곡진 철제 지붕 모양의 늑골 구조인 폼라이너 '1/42 마데이라Madeira'로 시공했다. 주름진 철제 지붕 모양의 늑골 구조는 미니멀하고 현대적이며 모양을 통해 빛과 그림자 사이의 흥미로운 상호작용을 만들어낸다. 이 외벽 재료는 테라스 및 중앙 정원에 심어진 녹색 식물들과 다르게 건물의 고유한 특성을 갖게 한다. 폼라이너는 총 68.2㎡에 적용되었다. 건물 파사드의 CO_2 발자국도 줄이기 위해 처음부터 콘크리트 시공을 담당하는 업체(UPB)와 긴밀하게 협력했다. UPB는 폼라이너를 사용하여 구조용 콘크리트를 제작했고 콘크리트는 요소의 CO_2 배출량을 약 33% 감소시켰다.

그 외에도 힐리 테라스는 건축 환경이 사람들의 건강과 웰빙에 미치는 영향에 대한 연구를 기반으로하는 국제 WELL 표준에 따라 건강 인증을 획득했다. 현대인들은 평균 90%의 시간을 실내에서 보내고 있으며, 여기에는 직장 또한 중요한 역할을 한다. 따라서 건강한 물리적 환경은 웰빙과 생산성을 모두 향상시킨다. 현재 이 건물에 입주한 대부분의 기업들은 직원들의 웰빙과 복지가 업무 효율에 매우 중요한 영향을 미친다고 판단하여 이 건물을 선택하게 되었고, 기후중립적이고 환경친화적이며 에너지 효율이 높고 쾌적한 환경을 조성하는 이 건물에서의 활동에 매우 만족하고 있다.

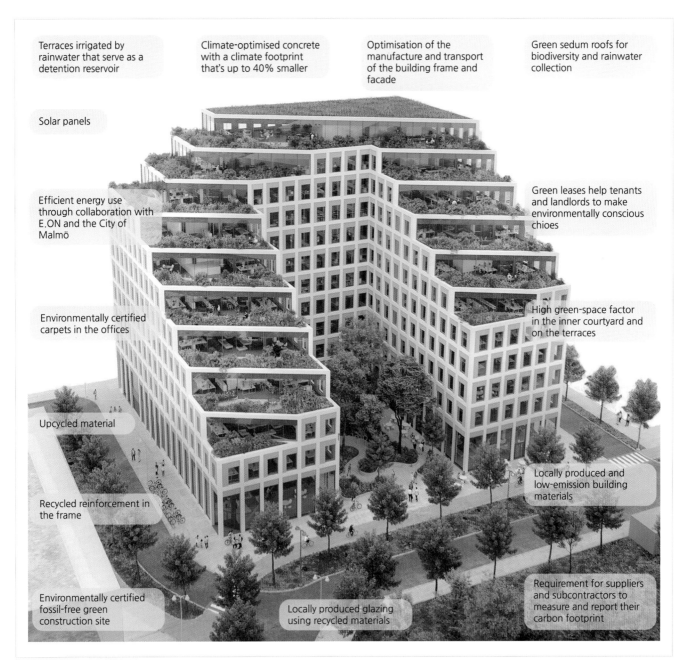

Terraces irrigated by rainwater that serve as a detention reservoir

Climate-optimised concrete with a climate footprint that's up to 40% smaller

Optimisation of the manufacture and transport of the building frame and facade

Green sedum roofs for biodiversity and rainwater collection

Solar panels

Efficient energy use through collaboration with E.ON and the City of Malmö

Green leases help tenants and landlords to make environmentally conscious chioes

Environmentally certified carpets in the offices

High green-space factor in the inner courtyard and on the terraces

Upcycled material

Recycled reinforcement in the frame

Locally produced and low-emission building materials

Environmentally certified fossil-free green construction site

Locally produced glazing using recycled materials

Requirement for suppliers and subcontractors to measure and report their carbon footprint

힐리 테라스에 적용된 에너지 요소

이 건물의 탄소중립 포인트는 건축 자재 및 생산으로 인한 온실가스의 배출을 최대한 줄이고 건물의 에너지 및 자원 효율적인 운영을 위한 토대를 마련하는 것이다. 하지만 Net-Zero의 균형을 유지하기 위해서는 건설 후의 상황도 중요한 과제이며 이를 위해 NollCO₂는 추가로 연결 가능한 재생 가능한 에너지의 설치, 기존 건물 재고에 대한 에너지 효율성 개선, 또는 전통적인 기후 보상을 통해 균형을 맞출 기회를 제공하고 있다.

힐리 테라스와 콰르테텐의 북측 파사드

힐리 빌보리스 콰르테텐 Hyllie Wihlborgs Kvartetten

• 위치 : 힐리, 스웨덴
• 용도 : 업무용 건물
• 면적 : 16,000㎡
• 주요키워드 : NollCO₂ 인증, SGBC 인증, WELL 인증, 탄소중립, 내재탄소, 운영탄소, 자원순환

콰르테텐의 그린 철제 소재

스웨덴 부동산 기업 빌보리스는 말뫼 힐리에 지구에 콰르테텐(4중주)이라는 오피스 빌딩을 건설하여 올해 입주를 시작했다. 빌보리스의 야심찬 지속가능성 프로그램과 함께 이 오피스 건물은 스웨덴의 지속 가능한 건축물 인증제도 SGBC의 Gold 인증, 미국 WELL 인증과 더불어 스웨덴 탄소중립 인증 NollCO₂ 인증까지 획득했다. NollCO₂ 인증을 획득하기 위해서는 건물이 사용하는 원

4가지 소재가 어우러지도록 설계된 콰르테텐

자전거 주차장 CYKELRUM

콰르테텐의 라운지

자재의 추출부터 건축 자재의 최종 사용기한에 이르기까지 50년 수명 전체의 Net-Zero를 입증해야 한다.

콰르테텐 건물은 클라이언트, 계약자, 설계자, 전문가 및 공급업체와의 원활한 협력을 통해 NollCO$_2$ 예비인증을 획득하였고, 외부 기후 보상을 구매하지 않고도 순 제로 기후 영향을 달성할 예정이다. 이를 위해서 재료의 선택과 관련한 많은 스마트 솔루션이 동반되었다. 콘크리트와 철근을 위한 친환경 대안은 물론, 재생에너지로 생산된 벽돌, 재활용 철, 알루미늄, 섬유재료 및 패널을 사용하였으며, 구조 자체도 재료 소비를 줄이기 위해 최적화되었다.

4중주라는 뜻을 가진 건물 이름 '콰르테텐'은 건물의 4가지 외장재 즉, 노란 벽돌, 하얀 세라믹 파사드, 녹색 금속, 파란 부싯돌의 어울림을 상징한다. 이것은 스웨덴의 비옥한 농지, 공원의 녹지, 도자기 및 부싯돌 등을 상징하는 파사드를 구성할 수 있도록 색상 및 재료를 선정하였다.

이 건물은 지하에 자전거 라운지와 주차장이 있고, 건물에는 야외 좌석이 있는 새롭고 현대적인 레스토랑이, 건물 상부에는 힐리에서 가장 큰 대형 옥상 테라스가 있다. 콰르테텐은 환상적인 자연채광, 높은 천장, 외레순드를 건너 바라보는 멋진 전망을 제공한다. 건물 전체에 대

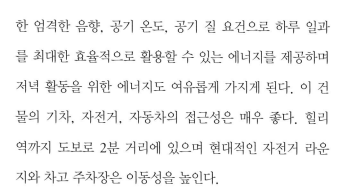

다양한 재료가 사용된 입면

한 엄격한 음향, 공기 온도, 공기 질 요건으로 하루 일과를 최대한 효율적으로 활용할 수 있는 에너지를 제공하며 저녁 활동을 위한 에너지도 여유롭게 가지게 된다. 이 건물의 기차, 자전거, 자동차의 접근성은 매우 좋다. 힐리역까지 도보로 2분 거리에 있으며 현대적인 자전거 라운지와 차고 주차장은 이동성을 높인다.

SGBC, WELL, NollCO$_2$의 인증을 통해 기후에 미치는 영향을 최소화함과 동시에 건물 사용자의 웰빙에 매우 세심한 노력을 기울였다. 스마트한 디자인을 통해 건축에 필요한 재료의 양을 줄이고 재료를 재사용하였는데, 건물 일부 내부 벽의 벽돌은 말뫼에 있는 마가시네트^{Magasinet} 건물의 리노베이션 현장에서 가져왔고, Hotel Villa 코펜하겐의 배나무 판넬로 계단실을 장식했다. 이 외에도 재활용 강철, 직물 및 알루미늄을 사용하는 등 자원순환과 탄소배출 감축에 매우 세심한 노력을 기울였다.

NollCO$_2$(제로CO$_2$) 인증을 받기 위해서는 건물 전체 수명 주기 동안 기후 영향을 고려하고, 기후 조치와 균형을 이루어 기후 영향이 전혀 없어야 한다. 이 과정에는 건물 구성 요소의 제조, 운송, 건설, 사용 및 최종 관리가 포함된다. 이 인증제도의 목표는 건설 및 부동산 산업 전체가 협력하여 국가의 2045년 기후 중립 목표를 달성하도록 지원하는 것이다. 인증을 획득한 건물은 50년 동안 온실가스 배출을 줄이고 건물의 순 제로 기후 영향을 유지해야 한다. 이를 위해 SGBC는 스웨덴 건설 산업과 협력하여

NollCO$_2$ 인증, SGBC(Sweden Green Building Council)
스웨덴이 설정한 기후목표는 2045년까지 대기 중의 온실가스의 순 배출량을 제로로 만드는 것이다. 이는 1990년을 기준으로 최소 85%를 줄여야 달성할 수 있는 수치이며, 나머지 15%는 산림과 토지에서의 탄소 흡수 증대, 탄소 포집 및 저장 기술(CCS), 스웨덴 이외 지역에서 배출 간소 노력 등으로 상쇄하게 될 것이다. 특히 스웨덴의 온실가스 배출량 중 30%를 차지하는 건물 부문에서 순 배출 제로(Net-Zero)를 달성하기 위해, 건설 및 부동산 산업은 건물의 설계, 생산, 사용 및 최종 관리에 따른 온실가스 배출 감소를 위한 어려운 변화를 겪어야 한다. 이에 따라 스웨덴 그린빌딩 위원회(SGBC)는 회원과 협력하여 기후 중립 건물을 인증하는 NollCO$_2$ 프로그램을 개발하였다.

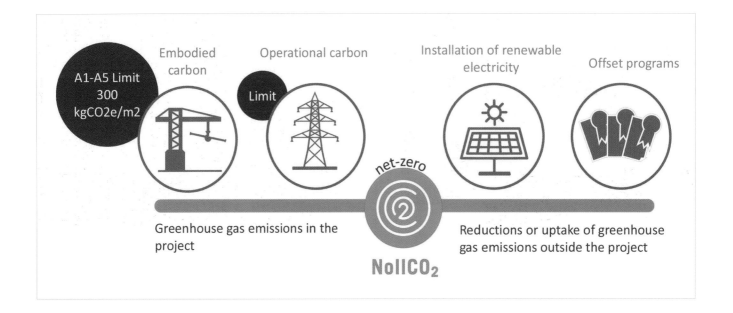

NollCO₂를 개발했다. 이 인증은 자재 제조업체와 건축 계약자 모두를 대상으로 하며, 제품단계부터 건설단계 및 운영단계에 이르는 전체 수명 주기 동안 온실가스 배출을 제한한다. 이 과정에는 건물 구조의 제조 및 운송부터 준공 후 건물 사용에 이르기까지 모든 단계가 포함되어 있다. 특히, NollCO₂에서 요구하는 구체적 조치에는 재생 에너지를 사용한 전기 시설의 설치 및 생산, 기존 건축물의 에너지 효율 향상 대책, 그리고 환경 및 사회적 Net-Zero 기준을 충족하는 보상방안 등이 포함된다. NollCO₂ 인증에서는 건물 및 건물 구성요소의 기후 영향을 SS EN 15978 및 SS EN 15804 표준에 따라 산출해야 한다. 건

물 구성 요소의 기후 영향에 대한 NollCO₂의 단위는 kg 당 $kgCO_2e$로 표시되며, 운송에서 발생하는 기후 영향 단위는 $kgCO_2/ton$이다. 또한, 건물의 기후 영향 단위는 총 면적 ㎡ 당 $kgCO_2e$로 계산된다. NollCO₂ 인증은 신축 건물을 대상으로 한 Net-Zero 인증이기 때문에 가능한 다른 친환경 인증들과 함께 받는 것을 권장한다. 현재 스웨덴에는 스웨덴의 밀요비그낫(Miljöbyggnad), 영국 브리암(BREEAM)의 국제판인 BREEAM-SE, 미국의 LEED, 그리고 북유럽 에코라벨인 스완(Swan) 녹색 인증과 같은 여러 친환경 인증 제도가 있다.

NollCO₂ 인증제도의 Net-Zero Impact 모델은 프로

젝트 내 온실가스 배출량(구체화된 탄소 및 운영 탄소)과 프로젝트 외부의 온실가스 배출 감소 또는 흡수(재생 가능 전기 설치, 오프셋 프로그램) 등 2개의 핵심요소와 7단계 프로세스로 구성되어 있다. 7단계의 프로세스는 1) 감축목표, 2) 내재탄소 감소, 3) 운영 탄소 감소, 4) 재생 가능 전력(RES-E), 5) 잔류 탄소 오프셋, 6) 남은 운영 탄소 상쇄, 7) 확인 및 보고 등으로 구성되어 있다. 인증을 통과하기 위해서는 프로젝트의 전체 참여자들의 협력과 통합적인 접근 방식이 필요하다. $NollCO_2$의 개발 과정에서 스웨덴은 기후 중립 목표를 향한 도전을 받아들이고 있다. 현재 진행 중인 파일럿 프로젝트에서는 순 배출량 제로 건물과 관련한 계산, 논의, 계약 등의 집중적인 노력을 쏟고 있으며, 얻어진 결과는 인증제도의 개선과 시스템 개발에 결정적인 기여를 하고 있다. 이것은 기후 중립 건물 관련 인증제도와 전반적인 시스템 발전으로 이어진다. $NollCO_2$와 관련하여 추진되고 있는 파일럿 프로젝트는 다음과 같다.

- Hyllie Terrass, Malmö (Skanska 사무실 건물)
- Lidl, Visby (슈퍼마켓)
- Castellum, Örebro (Castellum 사무실 건물)
- Electrolux , Stockholm (Electrolux 본사 확장)
- Hemsö äldreboende, Tyresö (Hemsö 양로원)
- Wihlborg, Malmö (Wihlborg 사무실 건물)

참고문헌

- ICLEI, 2013. City in Focus Malmö, Sweden – Integrating Ambitious Renewable Energy Targets in City Planning
- Carina Frmm, Valentin Tappeser, 2018, Climate smart Hyllie
- Dena(Deutsche Energie-Agentur), 2019, dena-Abschlussbericht Urbane Energiewende – Ausgewälte Praxisbeispiele
- e·on, 2020, Hyllie project summary
- Gabrielle Freeman, 2017, Th Origin and Implementation of the Smart-Sustainable City Concept – The Case of Malmö, Sweden
- IVL(Swedish Environmental Research Institute), 2016, Climate smart Hyllie – green district project
- Malmö stad, 2011, Climate-smart Hyllie – testing the sustainable solutions of the future
- Malmö stad, 2015, Översiktsplan för Södra Hyllie Fördjupning av Översiktsplan för Malmö Utställningsförslag
- SGBC(Sweden Green Building Council), 2019, SGBC NollCO2 certification
- SGBC(Sweden Green Building Council), 2022, Baseline and carbon limit values A1-A3 for new buildings in Sweden Green Building Council's Net Zero Building certification system "NollCO2" – version 1.1 2022
- Skanska, 2022, Hyllie Terrass - A climate-neutral office building
- https://www.skanska.se
- https://hyllieterrass.se
- https://kgcgroup.com
- https://kgcgroup.com
- https://news.cision.com
- https://www.reckli.com
- https://www.sgbc.se
- https://www.wihlborgs.se

DENMARK ○
Copenhagen

#EnergyLab #풍력 및 태양광 발전 통합 에너지 시스템 #녹색에너지 소비자 행동 전환
#지능형 에너지 시스템 #에너지 전환 프로그램 #자동차 제로 지구 #컴팩시티
#전기차 충전소 #섹터커플링 솔루션 #R&D와 실증 테스트 #민관연 협력사업

PART 11

EnergyLab Nordhavn, Copenhagen, Denmark

살아있는 탄소중립 에너지 실험실, 노하운

- 위치 : 코펜하겐, 덴마크
- 사업기간 : 2015년~2019년

에너지랩 노하운의 전경

오늘날 도시는 전 세계 CO_2 배출량의 70%를 차지하고 있으며 덴마크는 건물에서만 국가 에너지 사용량의 40%를 차지하고 있다. 점차 더 많은 사람들이 도시로 이주함에 따라 더 지속가능하고 스마트한 에너지 솔루션에 대한 요구가 증가하고 있다.

전 세계적으로 에너지 솔루션에 대한 선도적 역할을 하는 코펜하겐의 가장 큰 대도시 개발 지구 중 하나인 노하운Nordhavn(북항) 재개발 지구는 40,000명의 인구와 40,000개의 일자리를 제공할 수 있는 규모로 개발되고 있고 이 외에도 칼스베르Carlsberg, 아마게르 필르Amager Fælled 등도 미래를 위한 탄소중립 지역으로 추진되고 있다. 노하운은 코펜하겐 도심에서 약 4㎞ 정도 떨어진 곳에 위치한 항구도시이다. 코펜하겐은 세계 최초의 탄소중립 수도가 되는 것을 목표로 설정하고 도심 북쪽의 산업 및 항구 지역인 노하운을 지속 가능한 지구로 계획했으며 코펜하겐의 기후 계획 아래 단일 지역 내에 코펜하겐의 비전을 요약하여 담아내는 '등대 프로젝트' 중 하나로 추진하고 있다. 이곳은 '지속 가능한 미래도시'라는 큰 비전 아래 환경친화적인 도시, 활기찬 도시, 지속 가능한 이동성의 도시, 역동적인 도시, 모두를 위한 도시, 물의 도시라는 6가지 핵심 가치를 중심으로 계획되었다.

노하운은 시민들이 지역 내에서 저탄소 기술을 적극적으로 수용할 것으로 기대하며 설계되었다. 이를 위해, 이 지역은 도시를 실험장소로 삼고 환경적으로 지속가능하고 스마트시티 기술을 포함한 설계가 적용되었다. 여기에는 자전거와 같은 일상적인 기술에서부터 풍력 터빈과 같은 산업 규모의 에너지 인프라, 에너지 소비를 조절하기 위한 센서 장비 및 스마트 빌딩 제어 시스템과 같은 다양한 범위의 기술이 포함된다.

세계 최고의 자전거 도시 중 하나인 코펜하겐의 정체성이 그대로 반영되어 이곳은 도시 교통에서 배출되는 탄소 배출량을 감축함과 동시에 Car-free(자동차가 없는) 구역이 대부분을 차지하고 있고 새로운 공간적 개념을 실현하면서 자동차 없는 지역의 비전을 계속적으로 구현해 나가고 있다.

노하운에서 진행된 '에너지랩 노하운EnergyLab Nordhavn' 프로젝트는 탄소중립도시를 실현하기 위한 노력의 일환으로, 미래 에너지 솔루션 개발과 대안 제시에 초점을 맞추고 있다. 이 프로젝트는 코펜하겐의 재생에너지 공급 확대와 에너지 수요 재조정을 위한 노력과 실현이라 할 수 있다. 에너지랩 노하운은 지역의 다양한 요소를 미래 스마트시티 비전에 맞게 재구성하여 핵심 목표를 달성하고자 한다. 이 프로젝트는 주거 및 상업 건물의 소유자 및 임대인들이 세입자와 협력하여 에너지랩에 참여하도록 권

1 P-HUS LÜDERS

A large battery is integrated in the power grid and supports the supply of electricity especially during peak loads. The battery utilizes the power produced from fluctuating renewable sources such as wind and sun.

2 FAST CHARGING STATIONS

The building management systems provides data and controls, allowing for activation of the energy flexibility of the building. Moreover, the school is equipped with the largest set of solar panels in Nordhavn, making it a large prosumer.

3 COPENHAGEN INTERNATIONAL SCHOOL

The building management systems provides data and controls, allowing for activation of the energy flexibility of the building. Moreover, the school is equipped with the largest set of solar panels in Nordhavn, making it a large prosumer.

4 HAVNEHUSET VEST

A district-heating substation in combination with a heat pump help raise ultra-low temperature district heating to a suitable level for hot tap water use. A storage tank provides flexibility for the energy system depending on the load.

5 FRIHAVNSTÅRNET

Twelve apartments contribute with data on their energy consumption, obtained through advanced home automation systems. The purpose is to demonstrate how the flexibility of the homes and their users can contribute to optimized operation of the overall energy system – without compromising the comfort of residents.

6 HARBOUR PARK

Without influencing the comfort levels for the customers, short-term (3-10 hours) reductions or interruptions of the district heating supply are performed allowing the thermal heat capacity of the building to be added as a flexible element in the energy system.

7 HAVNEKANTEN

Smart control of heating systems in 85 apartments and measuring of thermal capacity in four apartments. Room temperature is used to improve indoor comfort and shift the load in time in order to provide flexibility.

8 FRIKVARTERET

In a row of townhouses, water heaters provide flexibility through their ability to shift between district heating and electric heating, based on the amount of wind power in the grid or load on the district heating network Learn

9 MENY

Today, the waste heat from the cooling systems in the local supermarket is not used, but vented to the air. This heat can be exchanged with local heat consumers by exchanging it over the district heating network.

10 FLEXHEAT

At the new cruise terminal, the functionality of a large heat pump is expanded with added controls and extended heat storage, to be used as a flexible element on the electricity market while optimizing the supply of heat to the local heat network.

11 SUNDMOLEHUSENE

In 11 houses at Sundmolen the advantages of fuel shift is demonstrated. Each installation includes a district heating unit with a hot water tank but with added direct electric heating in the storage tank. This will allow a shift in fuel depending on what sources are most renewable.

12 ENERGY.HUB

Energy.Hub is a co-working platform for companies working towards a more sustainable future with a focus on urban development and energy solutions. Energy.Hub hosts the EnergyLab Nordhavn showroom which is located in the heart of the hub.

에너지랩 노하운에서 추진된 프로젝트의 종류와 주요 내용장한다. 이를 통해 효율적인 에너지 시스템을 개발하고 재생에너지 사용을 극대화하는 데 필요한 에너지 유연성을 제공할 수 있다. 에너지랩 노하운을 통해 실행되는 실험은 재생에너지가 풍부한 경우, 에너지 수요의 최적화와 더 많은 풍력 및 태양광 발전을 에너지 시스템에 통합하기 위한 소비자 행동 전환 방법을 테스트한다. 이를 위해 기술과 재정적 인센티브가 주민과 기업에게 주어지고 그들이 에너지 소비 일부에 대한 통제를 포기하고 실험에 참여할 수 있도록 지속적인 이해와 설득이 이루어진다.

에너지랩 노하운은 2015년에 시작되었으며 미래의 지능형 에너지 시스템을 운영하는 데 필요한 지식을 구축하기 위한 대규모 통합 연구 및 시연 프로젝트로 약 4년 반 동안 진행되었다. 덴마크에서 가장 야심차게 추진된 에너지 전환 프로젝트인 에너지랩 노하운은 통합적 접근을 시도하는 동시에 다양한 스마트 기술을 테스트함으로 도시에서의 탄소 저감의 혁신을 주도하여 2025년까지 탄소중립을 이룬다는 코펜하겐의 목표 실현의 도구 일부로 추진되었고 12개의 파트너가 참여했다. 이후 덴마크 정부와 지자체, 유틸리티 회사, 건축 컨설턴트 등의 협력으로 현재의 덴마크 기존 입법 및 재정 구조의 여러 문제를 해결하고 에너지 솔루션의 잠재력을 실현할 수 있는 결과물들

이 제시되었다. 결과 보고서 'Recommendations and main results, 2019'에서는 총 28가지 항목으로 종합된 정부기관을 위한 정책적 권장사항과 에너지 정책 및 데이터의 필요성, 역할 등의 주요 결과가 담겨있다. 또한, 스마트 통합 에너지 시스템의 연구 및 개발에 투자함으로 덴마크의 수도 코펜하겐은 지적 재산을 확보하고 지역 녹색 경제를 성장시키며 전 세계에 수출할 수 있는 혁신적인 저탄소 미래 기술을 다수 보유한 도시로서 전 세계 탄소중립도시가 나아갈 길을 안내해주길 희망한다.

뤼더스 주차타워 P-HUS Lüders

에너지랩 노하운의 핵심기능 중 하나를 담당하고 있는 이 건물은 JAJA 건축사무소가 설계하였으며 높이 24m, 1층 면적 약 19,000㎡의 규모를 가지며 승용차 485대, 오토바이 10대의 주차가 가능하다. 1층 내부에는 1,000㎡ 면적의 편의점과 4,000㎡ 면적의 재활용 스테이션이 위치하고 있고 이곳에서 주민들은 재활용품을 거래하거나 교환할 수 있다. 또한, 건물의 옥상에는 24,000㎡ 규모의 놀이시설이 마련되어 있어 주민의 건강을 위한 여가 및 스포츠 훈련시설(등산 및 활동), 전망대 등의 기능으로 이용되고 있고 위치와 기능의 상징성으로 이 지역의 랜드마크가

복합기능의 주차장 및 입면 녹화

바다전망과 주차장 건물

옥상 스포츠 및 레저 시설

녹화된 파사드 및 계단

주차장 건물 사인

주차장 벽면 녹화

등산로로 이용되는 건물 외부 계단

되었다. 옥상의 모든 시설은 재활용된 자동차 타이어와 나이키 신발의 고무창 등으로 만들어 순환경제 원칙을 준수하고 있고, 높은 건물의 특징과 위치 덕분에 환상적인 바다 전망을 감상할 수도 있다. 옥상까지는 주차를 위한 차량 도로 이외에도 한쪽 벽면에 마련된 계단을 이용하여

올라갈 수 있는데 이 계단은 마치 산에 만들어진 등산로처럼 도시민의 건강을 위해 이용되고 있다. 녹슨 금속 외관은 산업 지역으로서의 역사를 불러일으키고 수직 정원 '녹색 외벽'은 주변과 조화를 이루면서 입체적 녹지공간을 창출하고 있다. 주차장의 남쪽과 서쪽 외벽에는 640여 종

계단 개수별 높이를 나타내는 표지판

분리수거

재활용품거래

의 식물이 40여 개의 화분 형태로 식재되어 있고 북쪽과 동쪽 입면에는 덩굴 식물이 식재되어 녹지 기능을 담당하고 있다.

코펜하겐 국제학교 Copenhagen International School

노하운의 과거 컨테이너 터미널이 있던 자리에 덴마크 건축가 칼 프레드릭 모에 Carl Frederik Møller가 설계한 코펜하겐 국제학교 건물은 마치 방금 항구에 도착한 거대한 컨테이너선을 연상시킨다. 약 25,000㎡ 면적의 국제학교는 코펜하겐에서 가장 큰 학교 건물로 약 1,200여 명의 학생

코펜하겐 국제학교

과 280명의 직원을 수용할 수 있는 규모로 계획되어 2017년에 완공되었다. 이 건물은 유치원, 초등학교, 중학교, 고등학교가 4개의 공간과 기능으로 구분되며 지붕에 위치

한 온실은 교사와 학생들이 식물을 재배하는 기능을 수행함과 동시에 지붕 구조를 보완하고 있다.

2020년 EU 건축지침에 따라 이미 이 학교 건물은 제로 에너지 건물 설계기준을 준수하였다. 이 건물의 가장 대표적인 특징은 건물의 독특한 외관으로 70×70㎝ 크기의 태양광 모듈 12,000개가 6,048㎡ 면적의 입면을 덮고 있다. 이 벽면 부착형 모듈을 통해서 학교의 연간 전기 소비량의 절반 이상의 에너지가 생산된다. 건물 입면

학교 입구측 모습

학교 입면에 설치된 태양광 패널

학교 상부의 모습

에 부착된 새로운 유형의 태양광 유리는 보는 각도와 햇빛의 위치에 따라 푸른빛의 명도와 채도가 다르게 보인다. 이것은 스팽글 같은 효과(sequin-like effect)를 내기 위해서 태양광 패널을 서로 다른 방향으로 기울여 부착해 만들었다. 냉각 천장, 외풍이 없는 환기, 단열성능이 뛰어난 창은 쾌적한 학습 환경을 보장한다. 모든 인공조명은 LED 기반으로 설치되어 있고 교사는 학습, 독서, 휴식 등 다양한 활동에 맞추어 교실 및 공간의 조명 강도와 색온도를 조정할 수 있다. 5세에서 18세 사이의 학생들 나이와 활동, 시간과 계절에 맞추어 사용자 친화형 인터페이스로 사전 프로그래밍 된 다양한 조명 시나리오를 포함한 고품질의 솔루션이 적용되었다. 동작 감지형 조명 시스템은 공용 공간 조명을 스마트하게 제어하여 전기를 절약한다. 학교는 공공영역과 분리영역을 효율적으로 통합하고 학교 내에서 열린 분위기를 제공할 수 있도록 설계되었고 학교 밖 산책로는 휴식과 다양한 활동의 기회를 제공하면서 외부 항구 공간이 연결된 도시환경의 맥락을 받아들일 수 있도록 계획되었다. 80개국의 930명의 어린이들이 활동하고 있는 코펜하겐 국제학교 건물은 각각 5층에서 7층까지 비대칭으로 배열된 4개의 건물이 작은 타워로 세분되어있고 각 타워는 서로 다른 발달단계에 있는 학생들의 요구를 충족하도록 특별히 설계되었다.

2015년부터 2019년 10월까지 에너지랩 노하운 프로젝트에서는 북항 지역을 중심으로 전기 및 냉방, 에너지 효율적인 건물, 전기 운송 등이 지능적이고 유연하게 시스템으로 최적화되어 통합될 방법을 위해 13개 테스트베드 사업이 진행되었다. 이곳에서는 도시 에너지 시스템을 전체적으로 살펴보고 코펜하겐 북부 지역에서 열, 전기 및 운송을 통합하는 새로운 솔루션을 테스트하고 있는데

에너지리빙랩 하브테칸텐

에너지리빙랩 프리합스타

열, 전기 및 운송 모두 재생 가능한 에너지 및 전기로 전환함에 따라 부하 균형을 조정하고 간헐적인 공급을 관리하기 위해 협력하는 방법을 찾고 이해하는 것이 매우 중요하다. 에너지랩 노하운 프로젝트는 에너지 솔루션을 테스트하고 지속 가능한 커뮤니티를 개발하기 위한 살아있는 실험실이다. 때문에 익명으로 데이터를 제공하는 지역 주민들을 참여시키는 것 이외에도 이러한 테스트 결과가 거주자의 생활 수준 또한 향상시킬 수 있게 하는 것이 중요했다. 건강적 측면에서 이곳의 레이아웃은 활동적인 대중교통을 장려하고 주민들이 차 없는 생활방식을 이끌 수 있도록 설계되어 그들의 건강과 도시의 대기 질에 매우 긍정적인 영향을 준다. 경제적으로는 열과 전기 모두를 대상으로 하는 에너지 시스템의 유연성이 매우 중요하다. 특히, 간헐적 재생에너지가 전체 에너지 믹스에서 더 큰 부분을 차지하게 될 미래에는 이러한 유연성이 운영 비용을 줄일 수 있게 된다. 이 절감액은 소비자 주거비용의 감소로 연결되어 직접적인 이익을 가져다줄 것이다. 마지막으로 환경적 측면에서 에너지랩 노하운은 저탄소 기술 테스트의 최전선에 있으며 이미 성공적 솔루션이 도시의 다른 지역으로 이전되고 있어 통합형 지능 에너지 시스템의 확대에 크게 기여하고 있다.

　프로젝트가 진행되는 동안 주로 외국의 의사결정자로

에너지리빙랩 하브네휴

에너지리빙랩 프릭바르테렛

에너지리빙랩 하버파크

구성된 방문객 150명 이상이 이곳을 방문했다. 그들은 세계 최고의 솔루션 중 하나인 덴마크의 디지털 에너지 기술 솔루션이 실제 도시에 어떻게 적용되어 운영될 수 있는지 에너지랩 노하운 사례를 통해 확인했다. 가장 지속 가능한 수도 코펜하겐은 에너지랩 노하운 사례를 통해 지능형 에너지 기술을 외국 관계자들에게 시연할 수 있음을 자랑스럽게 생각했고 코펜하겐이 2025년까지 달성하고자 하는 세계 최초 탄소중립 도시로서의 수준과 위상을 점검할 수 있었다.

에너지랩 노하운 프로젝트는 현재 형태로 마무리되고 있지만, 앞으로 노하운을 새로운 디지털 에너지 솔루션 개발을 위한 테스트 구역 및 살아있는 실험실로 계속 사용할 수 있도록 에너지 허브로의 전환을 준비하고 있다. 주로 풍력 및 태양 에너지와 같은 재생 가능한 에너지원의 공급과 관련하여 적정 수준의 유연성을 달성하기 위한 방법에 대한 연구와 실증을 더 진행할 예정이며 에너지랩의 파트너들의 더욱 활발한 역할 수행과 효율적인 협력을 기대하고 있다.

코펜힐 CopenHill 소각장

- 위치 : 아마게르Amager, 코펜하겐, 덴마크
- 용도 : 소각장
- 설계 : BIG(Bjarke Ingels Group) Architects
- 조경 : SLA Architects
- 사업자 : 코펜하겐 5개 지자체가 소유한 비영리 공기업 ARC (Amager Resource Center)
- 건설기간 : 2013~2019년
- 규모 : 높이 88m, 굴뚝 높이 123m
- 넓이 : 폐기물 에너지화 플랜트 41,000㎡, 스키장 9,000㎡, 그린 루프 10,000㎡, 네이처파크 3,000㎡
- 특이사항 : 2021년 세계 건축축제 World Architecture Festival(WAF)에서 올해의 세계 건물The World Building of the Year로 선정, 이 외에도 8개 이상의 국제적 수상 실적 가짐
- 주요키워드 : 저탄소 소각장, 탄소중립인프라, 복합용도 탄소중립시설

2050년까지 세계 최초 탄소중립 도시 달성의 목표를 가진 코펜하겐에는 또 다른 탄소중립 상징물이 있다. 아마게르 자원 센터Amager Resource Center(ARC)가 바로 그 주인공이다. 이 건물은 영어로는 코펜힐CopenHill, 덴마크어로는 아마거 바케Amager Makke라 불린다. 어느 도시나 마찬가지로 도시의 폐기물 소각장은 부정적 인식의 대표적인 공공인프라이다. 코펜하겐에서는 이러한 부정적 인식의 대표적인 50년 된 폐기물 소각 시설을 에너지 생산과 관련한 최신 기술과 통합하여 폐기물 에너지 플랜트 '아마게르 자원

코펜힐의 전경

코펜힐 파사드 모습

센터'로 전환에 성공했다. 이와 더불어 건물에 스키 슬로프, 등산로 및 등반 벽면 등의 시민을 위한 레저시설을 복합 적용하여 새로운 형태의 공공 인프라를 탄생시켰다. 2013년에 시작된 프로젝트는 2017년에 준공되었지만, 일부 기능을 추가 보완하여 2019년에 최종 개장을 하게 되었다. 최고의 실력을 갖춘 건축설계사무소 BIG와 조경 설계사무소 SLA는 도시 레크리에이션 센터와 환경교육 허브가 있는 41,000㎡ 규모의 사회 인프라를 자연 활동 및 생물 다양성이 활발한 건축 랜드마크로 탈바꿈시켰다.

아마게르 산업 해안가에 위치한 지리적 이유로 이곳에 만들어진 새로운 발전소에는 스키, 하이킹, 암벽 등반 및 자연 공원과 같은 새로운 활동이 추가되었다. 9,000㎡ 규모의 스키 슬로프에 적합한 경사진 옥상은 에너지화 플랜트의 부피와 내부 기계들의 정확한 배치, 높이, 순서 등에 따라 결정되었다. 소각장을 고립된 개체로 생각하는 대신 건축적 의미를 부여하여 건물과 도시 사이의 관계성을 부여하고 ARC 지붕을 코펜하겐 시민을 위한 스키장으로 전환하여 평지의 도시에서 산의 참신함을 느낄 수 있도록 의도한 것이다.

조경 건축사무소 SLA와 덴마크 자연 디자이너가 설계한 무성한 산악 자연과 공원, 490㎡의 나무가 늘어선 하이킹 및 러닝 트레일을 내려가기 전 옥상에서는 옥상 바, 크로스핏 구역, 등반 벽 또는 도시에서 가장 높은 전망대를 즐길 수 있다. 80m가 넘는 높이와 10,000㎡ 면적으로 마련된 높고 넓은 녹색 지붕은 도시 미기후에 영향을 주고 도시의 열 흡수, 미세먼지 제거, 빗물 유출 최소화 등의 기능을 수행하면서 생물 다양성을 지키는 경관을 유지하고 있다. 주민과 방문객들은 코펜힐 자연 옥상 지붕과 하이킹 코스에서 세계에서 가장 깨끗한 폐기물 에너지 발전소와 식물, 암석, 7,000그루의 다양한 덤불, 300그루의 소나무와 버드나무가 있는 산악 풍경을 만끽할 수 있다. 이와 더불어 새, 벌, 나비, 꽃의 보금자리가 되어 코펜하겐 시를 위한 완전히 새로운 도시 생태계를 형성한다.

88m 높이의 폐기물 에너지화 플랜트 위에 이처럼 자연이 가득한 녹색 활동 공원을 조성한 것은 이전에 실현된 적이 없었으며 특히, 45도의 가파른 지붕 경사에 나무와 식물을 위한 바람, 날씨, 일조 등의 생활 조건을 만드는

것은 어려운 일이었다. 또한, 지붕 아래 24시간 가동되는 대형 에너지 보일러의 열은 프로젝트에 커다란 장애가 되었다. SLA는 이러한 문제 해결을 위해 다양한 유형의 초목과 재료를 대상으로 테스트를 시행하였고, 자연공원의 까다로운 생활조건을 충족하고 옥상 방문객에게 최적의 미기후 및 바람 조건을 제공하도록 하는 자연기반 솔루션(NBS)을 만들어냈다. 이러한 노력 덕분에 2020년 실시한 생물 다양성 모니터링에서 119종의 식물과 나무가 관찰되

코펜힐 옥상 슬로프

었으며 이는 전년도보다 56종이 더 늘어난 결과였다.

더 나아가 이곳은 '세계에서 가장 깨끗한 폐기물 에너지 발전소'라는 타이틀까지 얻고 있다. 코펜힐은 645,000명의 주민과 68,000개 기업의 잔류 폐기물을 처리한다. 2020년 이곳의 슬로프와 자연 지붕 공원 아래의 용광로, 증기 및 터빈에서 연간 599,000ton의 폐기물이 열과 전기로 전환되어 80,000가구에 전기를 공급하고 90,000개의 아파트에 지역난방을 제공했다. 코펜힐에는 시간당 23~25ton의 폐기물을 처리하는 2개의 용광로 라인이 장착되어 있으며, 이곳에서 소각되는 폐연료의 약 23%는 5개 소유 지자체의 가정용 잔류 폐기물이고 나머지는 상업 및 산업 폐기물이다. 이 발전소는 5개의 지자체(Dragør, Frederiksberg, Hvidovre, Copenhagen 및 Tårnby) 소유주를 위해 지어졌으나 이 지자체들의 처리 용량보다 더 많은 용량을 감당할 수 있는 규모이므로 겨울철에는 타 지자체와 다른 국가의 폐기물도 처리하고 있다.

ARC 건물은 콘크리트로 만들어진 기반, 상부 강철 구조 및 알루미늄 외관으로 구성되어 있다. 초기에는 현장에서 용접을 통해 건설하는 방식이 고려되었지만, 기상조건에 적합하지 않아 조립식 요소를 사용하였다. 지면에 삽입된 2,400개의 철근 콘크리트 말뚝 기초는 5,000ton의 강철 상부 구조를 지지하고 있고, 건물은 35,000㎡의 콘크리트가 덮여 있으며 높이 1.2m, 폭 3.3m의 알루미늄 벽돌로 파사드가 구성되어 있다.

코펜힐은 가장 엄격한 국가 및 유럽 배출 표준을 30년 동안 준수하는 조건으로 설계 및 건설되었다. 또한, 폐기물 운송으로 인한 악취나 먼지가 없고 가능한 가장 낮은 수준으로 배출하며 인근 거주자들과 이곳에서 레크리에이션을 즐기는 사람들을 위해 건전한 환경을 보장하는 것에 가장 큰 비중을 두었다. 그 결과 이와 관련한 문제에 대하여 시민들의 불만이 거의 없었다. 코펜힐의 가장 큰 성과 중 하나는 새로운 환경에서 사용 가능한 기술을 사용하는 것이며 선택적 촉매 환원 시스템(SCR, Selective Catalytic Reduction)과 각 용광로의 라인에 별도로 설치된 전자 필터가 적용된 연소 가스 처리 시스템Flue Gas Cleaning System이 대표적이다. 이 외에도 석회석 등 친환경 소모품의 사용, 생성된 폐수를 쉽게 처리하는 방식, 고형 폐기물을 최소화하는 기술, 에너지 회수 효율을 높이는 기술 등도 적용되어 있다. 이곳에서 발생하는 연소 폐기물의 고형부산물(슬래그) 중 약 17~20%는 1차적으로 금속을 회수하여 재사용하고 나머지는 도로 건설에 사용된다. 코펜하겐의 탄소중립 도시 목표에 기여하기 위해 코펜힐은 매년 배출하고 있는 약 500,000ton의 CO_2를 포집하여 70%까지 줄이는 것을 목표

바다에 설치된 풍력터빈과 코펜힐 옥상녹화

로 삼고 있고 2022년 실증계획에서는 하루 12ton의 CO_2를 포집할 것으로 예상하고 있다.

코펜힐은 폐기물 에너지화(WtE, Waste-to-Energy) 플랜트 개념을 재정의할 수 있는 사례이며, 기술의 발전을 통해 레크리에이션 활동과 폐기물 관리 활동이 도시 내에서 함께 안전하고 건전하게 이루어질 수 있음을 보여주고 있

옥상 녹화 및 계단

정상에 설치된 리프트

녹화된 코펜힐 최상부 계단

내부 발전시설 설비

다. 덴마크에서는 코펜힐의 사례가 성공적인 결과를 얻고 있음에도 불구하고 주거지역에 폐기물 소각장을 두는 것이 타 지역 및 국가에서는 여전히 논란의 여지가 있을 것이다. 따라서 도시지역을 공유하는 WtE 플랜트, 주민 대표, 비즈니스 및 상업 활동 간의 지속적인 정보 교환이 매우 중요하다. 공공 인프라와 관련한 에너지 시설을 성공적으로 건설하기 위해서는 프로젝트의 초기 단계에서부터 주민과 지역 협회를 적극적으로 참여시키고 개방적인 커뮤니케이션을 유지하기 위해 소셜미디어 방식을 통한 소통이나 주민자치단체와의 정기 간담회 등 다양하고 유익한 소통을 이루는 것이 매우 중요하다.

참고문헌

- B&W, 2015, Waste-to-Energy Plant: Amager Bakke/Copenhill Copenhagen, Denmark
- B&W, 2021, Amager Bakke/Copenhill Copenhagen, Denmark - VØLUND™ WASTE-TO-ENERGY TECHNOLOGY
- Balster K. 2018, Sustainability: A Tale of Three Scales
- By&Havn, 2012, Nordhavn - Inner Nordhavn: from Idea to Project
- By&Havn, 2012, Nordhavn – Urban Strategy
- Danish Energy Association, 2017, Starke Stromnetzgesellschaften versorgen die grüne Neueausrichtung Europas mit Strom
- DTU 2019, EnergyLab Nordhavn – Development and demonstration of Ultra Low Temperature District Heating technology for integrated energy systems
- Edo, M., 2021, Waste-to-Energy and Social Acceptance: Copenhill Waste-ti-Energy plant in Copenhagen
- Energylab Norhavn, 2017, EnergyLab Nordhavn – Integrated Energy Infrastructures and Smart Compenents
- Energylab Norhavn, 2020, Results from an Urban Living Lab
- HjØllund, T. 2014, Copenhagen, Nordhavn – Implementation Plan
- Justesen, R. 2011, Norhavnen – a city district at the water
- Langmaack, H. 2019, Nordhavn - A Sustainable City the Copenhagen Way? - Exploring the ambiguity of sustainable urban development
- ZinCo, 2020, Amager Resource Centre Copenhagen, Denmark – On top – futuristic ski mountain
- https://www.copenhill.dk
- http://www.energylabnordhavn.com
- https://www.cowi.com
- https://www.dagensbyggeri.dk
- https://www.danskeark.com

도시수업
탄소중립도시

초판 1쇄 인쇄 2023년 09월 15일
초판 1쇄 발행 2023년 09월 25일
지은이 김정곤, 최정은

펴낸이 김선화
편집 도서출판 맑은샘

펴낸곳 ㈜베타랩도시환경연구소
출판등록 제2023-000037
주소 서울특별시 용산구 서빙고로 17 용산센트럴파크 헤링턴스퀘어 업무시설
　　　12층 1211호(한강로3가)
전화 02)6257-5591
이메일 info@betalab.co.kr
홈페이지 www.betalab.co.kr

ISBN 979-11-984442-0-2 (03530)